信息安全数学基础

巫 玲 主编

清华大学出版社
北京

内容简介

本书系统地介绍初等数论、抽象代数、椭圆曲线等密码学和网络安全领域中必不可少的数学理论与实用算法，从程序、密码学应用的观点来解析数学思想，重实例、重应用，在内容编排中尤其注意知识点的实例化和前后内容的呼应。

本书可作为信息安全、计算机科学与技术、通信工程、数学与应用数学等领域的研究生和本科生相关课程的教科书，也可作为从事信息安全、密码学和其他信息技术相关领域的科研与工程技术人员的参考书。

本书封面贴有清华大学出版社防伪标签，无标签者不得销售。
版权所有，侵权必究。举报: 010-62782989, beiqinquan@tup.tsinghua.edu.cn。

图书在版编目(CIP)数据

信息安全数学基础/巫玲主编. —北京: 清华大学出版社, 2016(2025.1重印)
ISBN 978-7-302-43992-9

Ⅰ. ①信⋯ Ⅱ. ①巫⋯ Ⅲ. ①信息系统—安全技术—应用数学 Ⅳ. ①TP309 ②O29

中国版本图书馆 CIP 数据核字(2016)第 120532 号

责任编辑: 贾 斌 薛 阳
封面设计: 何凤霞
责任校对: 梁 毅
责任印制: 沈 露

出版发行: 清华大学出版社
网　　址: https://www.tup.com.cn, https://www.wqxuetang.com
地　　址: 北京清华大学学研大厦 A 座　　　　　邮　编: 100084
社 总 机: 010-83470000　　　　　　　　　　　邮　购: 010-62786544
投稿与读者服务: 010-62776969, c-service@tup.tsinghua.edu.cn
质量反馈: 010-62772015, zhiliang@tup.tsinghua.edu.cn
课件下载: https://www.tup.com.cn, 010-83470236

印 装 者: 涿州市般润文化传播有限公司
经　　销: 全国新华书店
开　　本: 185mm×260mm　　印　张: 9.25　　字　数: 231千字
版　　次: 2016年7月第1版　　　　　　　　　印　次: 2025年1月第7次印刷
印　　数: 3501～3800
定　　价: 25.00元

产品编号: 062555-01

前　言

FOREWORD

在当今这个快速发展的互联网时代，信息安全问题全方位地影响我国的政治、军事、经济、文化、社会生活的各个方面，信息安全是国家优先发展、人才紧缺的行业，受到国家自然科学基金、863、975等重要研究和开发计划的持续关注与重点资助。

信息安全本科专业作为一个新兴专业，自2001年教育部批准开设已逾十载，目前已有四十余所大学先后获得批准开办（或备案）。不同的学校可能有着不同的专业特色与培养定位，但都离不开相关数学知识的支持。康德曾经说过"在任何理论中只有其中包含数学的部分才是真正的科学"，纵观人类科学发展史，任何转折飞跃或者开创发现都离不开强有力的数学依据做坚实的后盾。同样地，现代密码学和网络安全也离不开初等数论、抽象代数、椭圆曲线等数学学科作为其理论基础。因此，信息安全数学基础这门课程在信息安全人才培养中占有非常重要的地位，是信息安全本科专业的主要专业基础课程。

为突出学习重点，降低学习难度，提高学习积极性，增强学习效果，本书从初等数论出发，由浅入深，环环紧扣密码学中的知识应用；然后深入学习抽象代数，紧密结合初等数论，前后呼应，降低学习难度，提高理论认识。不仅给出每章的学习目标、重点、难点，还通过【你应该知道的】、【请你注意】、【进一步的知识】栏目分别提示基础的、易错的、扩展的知识点，通过【不妨一试】栏目鼓励学生将数学理论程序化，通过【思考】栏目提出挑战，鼓励探索，使教学内容层次清晰，重点明确。不仅在每章通过提出问题来引出知识点，还在内容编排中尤其注意知识点实例化和关联性。提供的实例包括计算过程和程序伪码，强调数学过程的程序化，使学生对于数学原理和数值计算有进一步理解。

基于上述思路，本书可分为3个部分，共计8章。第1～4章分别介绍整除、同余、原根、素性检验等初等数论内容，第5～7章介绍抽象代数中的群、环、有限域，第8章介绍椭圆曲线理论。建议总学时数为64学时，授课教师可依据学生实际情况和学时安排适当选择教学内容。

由于篇幅所限，同时为了重点突出，本书有选择性地略去了部分定理较为繁杂的证明过程，学有余力的读者可以自行查阅参考书目或其他相关资料。本书只列出了编写过程中的主要参考书目，很多资料没能一一注明出处，在此对这些资料的作者表示由衷的感谢，同时声明原文版权属于原作者。

本书编写团队由巫玲、魏蓉、武从海组成,在编写过程中得到西南科技大学本科教材建设基金资助,得到西南科技大学计算机学院信息安全系教师的热情帮助,在此向他们表示由衷的感谢。

尽管作者对书稿进行了多次的修改和订正,但由于时间仓促以及水平有限,书中的疏漏与不妥之处在所难免,希望使用本书的读者提出宝贵意见,以期本书得到进一步完善。

作 者

2015年5月

目 录

第 1 章　整除 ··· 1
   1.1　整除 ·· 1
   1.2　最大公因数和最小公倍数 ··· 3
   1.3　欧几里得算法 ·· 6
   1.4　二元一次方程 ·· 10
   1.5　整数唯一分解定理 ··· 11
   1.6　素数 ·· 12
   小结 ··· 14
   作业 ··· 15

第 2 章　同余 ··· 17
   2.1　同余 ·· 18
   2.2　一次同余方程 ·· 24
   2.3　剩余类与剩余系 ··· 26
   2.4　欧拉定理与费马小定理 ·· 31
   2.5　孙子定理 ··· 36
   小结 ··· 38
   作业 ··· 39

第 3 章　原根 ··· 42
   3.1　指数 ·· 43
   3.2　原根 ·· 46
   3.3　离散对数方程 ·· 52
   小结 ··· 56
   作业 ··· 57

第 4 章　素性检验 ·· 59
   4.1　确定性素性检验法 ··· 60

4.2 概率性素性检验法 ·· 64
小结 ··· 68
作业 ··· 68

第 5 章 群 ·· 70
5.1 代数结构的基本概念与性质 ·· 70
5.2 群的定义 ··· 81
5.3 置换群 ··· 90
小结 ··· 98
作业 ··· 99

第 6 章 环 ·· 101
6.1 环的定义与基本性质 ··· 101
6.2 整环和域 ··· 103
6.3 多项式环 ··· 104
小结 ··· 115
作业 ··· 115

第 7 章 有限域 ·· 117
小结 ··· 129
作业 ··· 130

第 8 章 椭圆曲线 ·· 131
8.1 椭圆曲线的基本概念 ··· 131
8.2 有限域上的椭圆曲线 ··· 135
小结 ··· 138
作业 ··· 138

参考文献 ·· 140

第 1 章 整　　除

> 【教学目的】
> 　　掌握整除、欧几里得除法、最大公约数、整数唯一分解、素数等基本概念,能够利用欧几里得算法求最大公约数、解二元一次方程。
> 【教学要求】
> 　　(1) 识记:整除、最大公约数、最小公倍数、素数等基本概念和性质。
> 　　(2) 领会:欧几里得除法,整数的表示方法,整数唯一分解方法。
> 　　(3) 简单应用:欧几里得算法和扩展欧几里得算法的程序实现。
> 　　(4) 综合应用:二元一次方程求解的程序实现等。
> 【学习重点与难点】
> 　　本章重点与难点是欧几里得算法和扩展欧几里得算法的算法思想与程序实现,二元一次方程求解,整数唯一分解定理。

在正式开始本章学习之前,请思考下面三个问题。

(1) 3 和 4 的最大公约数是 1,4 和 6 的最大公约数是 2,那么 65 539 和 4 294 967 299 的最大公约数是多少呢?

(2) 12 可以分解成 3 乘以 4,进一步分解成 2 乘以 2 再乘以 3,那么可不可以类似地将 16 843 009 分解成素数的乘积呢?

(3) 2 是素数,3 是素数,4 是合数,5 是素数,那么 4 294 967 297 是素数还是合数呢?

上面的问题都是"老瓶装新酒",最大公约数、整数分解、素数/合数都是我们在小学时候就已经学习过的知识,但当需要处理大整数时,则有必要进一步学习。

1.1　整除

定义 1.1　整除

设 a,b 为整数,$b\neq 0$。若有一整数使得 $a=bq$,则称 b 整除 a 或 a 能被 b 整除,记为 $b|a$,b 叫作 a 的因数,a 叫作 b 的倍数。

若 b 不能整除 a,记为 $b\nmid a$。

【请你注意】

(1) 整除的定义是从乘法定义除法的,通过因子的存在性来描述整除性。

(2) 注意 | 与 / 的区别:$4/2=2,2|4$。

定理 1.1　整除的性质　$\forall a,b\in \mathbf{Z}$,

(1) $a|b \Leftrightarrow -a|b \Leftrightarrow a|-b \Leftrightarrow -a|-b \Leftrightarrow |a|\,|\,|b|$;

(2) $a|b$ 与 $b|c \Rightarrow a|c$;

(3) $a|b$ 与 $b|a \Rightarrow a=\pm b$;

(4) $a|b$ 与 $a|c \Leftrightarrow \forall t,s \in \mathbf{Z}, a|tb+sc$。

【请你注意】

| 更强调是一种数字关系的表示方法,而不是一种运算符号,因此,$a|tb+sc$ 不需要强调性地写作 $a|(tb+sc)$,同理,$ab|c$ 不必写作 $(ab)|c$。

更不能将整除的推导过程写为：

因为 $n=2m$,

所以 $3|n=3|2m$。

【思考】

| 作为一种二元关系,具有哪些特性?自反的?反自反的?对称的?反对称的?传递的?它是一种等价关系吗?

例 1.1 设 $n \in \mathbf{Z}$,求证：若 $3|n,4|n$,则 $12|n$。

证明：

因为 $3|n$,

所以可设 $n=3m, m \in \mathbf{Z}$；

因为 $4|n$,

所以 $4|3m$；

又因为 $4|4m$,

所以根据定理 1.1(4) 有 $4|4m-3m$,

所以 $4|m$；

即可设 $m=4q, q \in \mathbf{Z}$；

所以 $n=3 \times 4 \times q=12q$,所以 $12|n$,证毕。

例 1.2 设 $x,y \in \mathbf{Z}, 17|2x+3y$,证明：$17|9x+5y$。

证明： 因为 $17|2x+3y$,

所以 $17|26x+39y$,

所以 $17|26x+39y-17x-34y$,

所以 $17|9x+5y$,证毕。

例 1.3 设 a,b 是两非零整数,$\exists s,t \in \mathbf{Z}$,使得 $sa+tb=1$。求证：

(1) 若有 $m \in \mathbf{Z}, m|a, m|b$,则 $m = \pm 1$；

(2) 若有 $n \in \mathbf{Z}, a|n, b|n$,则有 $ab|n$。

证明：(1) 因为 $m|a, m|b$,

所以 $\forall s,t \in \mathbf{Z}$,都有 $m|sa+tb$；

因为 $\exists s,t \in \mathbf{Z}, sa+tb=1$,

所以 $m|1$,

所以 $m = \pm 1$,证毕。

(2) 因为 $a|n, b|n$,

所以设 $\exists k,q \in \mathbf{Z}$,使 $n=aq, n=bk$；

又因为 $\exists s,t \in \mathbf{Z}$,使得 $sa+tb=1$,

所以 $n=n(sa+tb)=sk \times ab+tq \times ab=ab(sk+tq)$,

所以 $ab|n$,证毕。

例 1.4 $\forall p, q \in \mathbf{Z}$,若 $m \in \mathbf{Z}$,且 m 为奇数,求证:$p+q \mid p^m+q^m$。

证明:(1) 当 $m=1$ 时,显然成立;

(2) 设 $m=2k-1, k \in \mathbf{Z}$ 时,有 $p+q \mid p^{2k-1}+q^{2k-1}$;

(3) 当 $m=2k+1$ 时,$p^{2k+1}+q^{2k+1}=p^2(p^{2k-1}+q^{2k-1})-q^{2k-1}(p^2-q^2)$。

因为 $p+q \mid p^{2k-1}+q^{2k-1}$, $p+q \mid p^2-q^2$

所以 $p+q \mid p^{2k+1}+q^{2k+1}$;

所以 $\forall p,q \in \mathbf{Z}$,若 m 为奇数,$p+q \mid p^m+q^m$,证毕。

【你应该知道的】

(1) $\forall p,q \in \mathbf{Z}$,若 m 为奇数,$p\pm q \mid p^m \pm q^m$;

(2) $\forall p,q \in \mathbf{Z}$,若 m 为偶数,$p-q \mid p^m-q^m$ 成立,$p+q \mid p^m+q^m$ 不一定成立。

定义 1.2 素数

一个大于 1 且只能被 1 和它本身整除的整数,称为**素数**(或质数,不可约数);否则,称为合数。

显然,正整数集合可分为三类:素数、合数和 1;素数常用 p 来表示。

【思考】

$11\cdots11_2$(一共 n 个 1)是质数还是合数?$10\cdots01_2$(中间 n 个 0)呢?

定理 1.2 欧几里得除法(Euclid 除法,带余除法)

$\forall a,b \in \mathbf{Z}, b \neq 0$,则唯一存在两个整数 q 和 r,使得式(1-1)成立:

$$a = bq + r, \quad 0 \leqslant r < |b| \tag{1-1}$$

推论 1.1 显然,若 $a=bq+r$,则 $b \mid a \Leftrightarrow r=0$。

【请你注意】

(1) $0 \leqslant r < |b|$ 的 r 被称为最小非负余数,在实际运用中,可以根据需要将式(1-1)写成其他形式,如:$a=bq+r, c \leqslant r < |b|+c, c \in \mathbf{Z}$。

(2) 推论 1.1 是证明 $b \mid a$ 的一个常用技巧:先假设 $a=bq+r$,推出 $r=0$,则 $b \mid a$。

定理 1.3 整数的表示

给定正整数 $b \geqslant 2$,则 $\forall n \in \mathbf{Z}, n$ 必可唯一地表示为:

$$n = \sum_{i=0}^{k} a_i b^i \tag{1-2}$$

其中,$k, a_i \in \mathbf{Z}, k \geqslant 0, 0 \leqslant a_i < b (0 \leqslant i \leqslant k), a_k \neq 0$。

称式(1-2)为**整数 n 的 b 进制表示**。

例如,十进制:$12345_{10} = 1 \times 10^4 + 2 \times 10^3 + 3 \times 10^2 + 4 \times 10^1 + 5 \times 10^0$,

十六进制:$12345_{16} = 1 \times 16^4 + 2 \times 16^3 + 3 \times 16^2 + 4 \times 16^1 + 5 \times 16^0$。

【不妨一试】 进制转换

请编写一个实现整数十进制与十六进制表示的转换程序。

1.2 最大公因数和最小公倍数

定义 1.3 最大公因数

设 $a_1, a_2, \cdots, a_n$ 为 n 个不全为 0 的整数,如果整数 d 是其中每个数的因数,则称 d 是

$a_1, a_2, \cdots, a_n$ 的**公因数（公约数）**，所有公因数中最大的正整数称为**最大公因数（或最大公约数）**，记为 **gcd**$(a_1, a_2, \cdots, a_n)$，简记为 $(a_1, a_2, \cdots, a_n)$。

由于 0 可以被任何整数整除，因此，对于任意整数 a，$(a, 0) = |a|$。

如果 $(a_1, a_2, \cdots, a_n) = 1$，则称 $a_1, a_2, \cdots, a_n$ **互素**；如果 $a_1, a_2, \cdots, a_n$ 中任意两个数的最大公约数均为 1，则称它们**两两互素**。

注意，在个数不少于三个的互素正整数中，不一定是每两个正整数都是互素的。例如：$(6, 10, 15) = 1$，但 $(6, 10) = 2, (6, 15) = 3, (10, 15) = 5$。

定义 1.4　最小公倍数

设 $a_1, a_2, \cdots, a_n$ 为 n 个不全为 0 的整数，如果整数 m 是其中每个数的倍数，则称 m 是 $a_1, a_2, \cdots, a_n$ 的**公倍数**，所有公倍数中最小的正整数称为**最小公倍数**，记为 **lcm**$(a_1, a_2, \cdots, a_n)$，简记为 $[a_1, a_2, \cdots, a_n]$。

定理 1.4　设 $a, b, c \in \mathbf{Z}$，

(1) $(a, b) = (b, a) = (-a, b) = (a, -b) = (-a, -b)$，
$[a, b] = [b, a] = [-a, b] = [a, -b] = [-a, -b]$；

(2) 若 $a | b$，则 $(a, b) = |a|, [a, b] = |b|$；

(3) $\forall x \in \mathbf{Z}, (a, b) = (a, ax + b)$；

(4) $\forall x, y \in \mathbf{Z}, (a, b) | ax + by$。

证明：(1)(2)(4) 略。

(3) 设 $d = (a, b), D = (a, ax + b)$，则 $d | a, d | b$，

所以 $d | ax + b$，

所以 $d \leqslant D$；

同理 $D | a, D | ax + b$，

所以 $D | ax + b - ax = b$，

所以 $D \leqslant d$，

所以 $d = D$，证毕。

例 1.5　$\forall m, n \in \mathbf{Z}$，求证 $(mn - 1, m^3) = 1$。

证明：设 $(mn - 1, m^3) = d$，

因为 $d | mn - 1, d | m^3$，

所以 $d | m^3 n - m^2 - nm^3$,

所以 $d | m^2$，

所以同理可得 $d | m$ 和 $d | 1$，所以 $d = 1$，即 $(mn - 1, m^3) = 1$，证毕。

推论 1.2　$\forall a, b \in \mathbf{Z}$，若 $\exists x, y \in \mathbf{Z}$，使 $ax + by = 1$，则 $(a, b) = 1$。

【思考】

若 $a, b \in \mathbf{Z}, (a, b) > 1$，方程 $ax + by = 1$ 有整数解吗？

【进一步的知识】

你知道如何计算平面上一条线段中整数点的个数吗？如果知道一个线段的两个端点为 (a, b) 和 (c, d)（这里的 (a, b) 表示直角坐标系横纵坐标分别为 a 和 b），你知道这条线段上有多少个整数点吗？即坐标 (x, y) 的 x 和 y 都是整数的点。

为了简化问题，假设线段两个端点的坐标为 $(0, 0)$ 和 (x_0, y_0)，x_0 和 y_0 都是整数，则线段

的斜率 $k=y_0/x_0$，线段的方程为 $y=y_0/x_0 \times x$，即 $y x_0 = x y_0$。

进一步推得：$\dfrac{y x_0}{\gcd(x_0,y_0)} = \dfrac{x y_0}{\gcd(x_0,y_0)}$，即 $\dfrac{y}{\gcd(x_0,y_0)} = \dfrac{y_0}{x_0} \times \dfrac{x}{\gcd(x_0,y_0)}$，

即点 $\left(\dfrac{x_0}{\gcd(x_0,y_0)}, \dfrac{y_0}{\gcd(x_0,y_0)}\right)$ 一定在线段上，并且线段上所有整数点可以表示为

$\left(\dfrac{k x_0}{\gcd(x_0,y_0)}, \dfrac{k y_0}{\gcd(x_0,y_0)}\right)$，其中，$k=0,1,2,\cdots,\gcd(x_0,y_0)$。

因此，包括端点在内，线段的整点个数为 $\gcd(x_0,y_0)+1$ 个。

定理 1.5 $\forall a,b,c \in \mathbf{Z}$，

(1) $a|c, b|c \Leftrightarrow [a,b]|c$；

(2) $c|a, c|b \Leftrightarrow c|(a,b)$。

证明：(1) $\Leftarrow$：因为 $a|[a,b], b|[a,b], [a,b]|c$，所以 $a|c, b|c$；

$\Rightarrow$：设 $L=[a,b], c=qL+r, 0 \leqslant r<L$，

因为 $a|c, a|L$，

所以 $a|r$，

同理，$b|r$，

所以 r 为 a、b 的公倍数，

因为 $r<L$，

所以 $r=0$，

所以 $L|c$；

所以 $a|c, b|c \Leftrightarrow [a,b]|c$，证毕。

(2) $\Leftarrow$：$c|(a,b), (a,b)|a, (a,b)|b$，

所以 $c|a, c|b$；

$\Rightarrow$：设 d_i 为 a,b 的全体公约数，$1 \leqslant i \leqslant n$，$L=[d_1,d_2,\cdots,d_n]$，

所以由(1)得 $L|a, L|b$，

所以 $L \leqslant (a,b)$，

又因为 $|d_i| \leqslant L, 1 \leqslant i \leqslant n$，

所以 $(a,b) \leqslant L$，

所以 $L=(a,b)$；

所以 $c|a, c|b \Leftrightarrow c|(a,b)$，证毕。

定理 1.5 表明：

公倍数一定是最小公倍数的倍数；公约数一定是最大公约数的约数。

推论 1.3 $(a,b,c)=((a,b),c)$；$[a,b,c]=[[a,b],c]$。

例 1.6 设 $a,b \in \mathbf{Z}, (a,b)=1$，请计算 $(a+b, a-b)$。

解：设 $(a+b, a-b)=d$，

所以 $d|(a+b)+(a-b)$ 即 $d|2a$，

同理 $d|2b$，

所以 $d|(2a,2b) \Rightarrow d|2(a,b)$，

因为 $(a,b)=1$，

所以 $d|2$,

所以 $(a+b,a-b)=1$ 或 2。

定理 1.6 设 $a,b,c\in \mathbf{Z},a,b,c\neq 0,(a,c)=1$,则
$$(ab,c)=(b,c)$$

证明：因为 $(a,c)=1$,

所以 $(b,c)=(b\times(a,c),c)=(ba,bc,c)=(ba,(b,1)\times c)=(ab,c)$,证毕。

推论 1.4 设 $a,b,c\in \mathbf{Z},a,b,c\neq 0,(a,c)=1,c|ab$,则 $c|b$。

推论 1.5 设 $a,b\in \mathbf{Z},p$ 为素数, $p|ab$,则 $p|a$ 或 $p|b$。

定理 1.7 $\forall a,b,c\in \mathbf{Z}$,

(1) 若 $c>0,(a,b)=d,[a,b]=m$,则 $(ac,bc)=dc,[ac,bc]=mc$;

(2) 若 $c>0,(a,b)=d,c|d$,则 $(a/c,b/c)=d/c$;

(3) $[a,b]=|ab|/(a,b)$。

定理 1.7(3) 给出了最大公约数与最小公倍数之间的关系,因此,通常通过求解最大公约数计算最小公倍数。

根据中小学知识,计算最大公约数是通过整数分解来实现的。例如,$12=3\times 4,28=4\times 7$,所以 12 的约数有 1、2、3、4、6、12,28 的约数有 1、2、4、7、14、28,因此 12 和 28 的公约数有 1、2、4,12 和 28 的最大公约数为 4,记作 $(12,28)=4$。

上述计算对于大整数是非常烦琐的,如计算 93 991 和 102 757,因为 $93\,991=193\times 487$,$102\,757=211\times 487$,计算 $(93\,991,102\,757)$ 的运算量是比较大的。

1.3 节将介绍使用欧几里得算法计算最大公约数的方法。

1.3 欧几里得算法

设有 $\forall a,b\in \mathbf{Z}$,记 $r_0=a,r_1=b$,则反复运用欧几里得除法,有：
$$r_0=r_1 q_1+r_2,0\leqslant r_2<r_1$$
$$r_1=r_2 q_2+r_3,0\leqslant r_3<r_2$$
$$\vdots$$
$$r_{n-2}=r_{n-1} q_{n-1}+r_n,0\leqslant r_n<r_{n-1}$$
$$r_{n-1}=r_n q_n+r_{n+1},r_{n+1}=0$$

经过有限步骤的计算,必然存在 $n\in \mathbf{Z}$,使得 $r_{n+1}=0$,这是因为
$$0=r_{n+1}<r_n<r_{n-1}<\cdots<r_2<r_1=b$$

根据定理 1.4(3),$(r_0,r_1)=(r_1,r_2)=\cdots=(r_n,r_{n+1})=(r_n,0)=r_n$。

【你应该知道的】

(1) 欧几里得(Euclid)算法又称为辗转相除法,在《九章算术》中被称为"更相减损数"。

(2) 欧几里得算法的规则可以归纳为：**反复使用带余除法(Euclid 除法)求最大公约数**。

(3) 在实际运用中,可以根据需要在每一步带余除法中使用最小非负余数、绝对值最小余数等。

例 1.7 计算 $(543,21)$。

解：$543=21\times 25+18,$ $543=21\times 26-3,$
$21=18+3,$ $21=3\times 7+\underline{0}。$
$18=3\times 6+\underline{0}。$

所以 $(543,21)=3$。

显然，采用绝对最小剩余作为余数比使用最小非负余数的欧几里得算法的计算步骤要少一些。

例 1.8 计算 $(93\,991,102\,757)$。

解：$102\,757=93\,991+8766,$
$93\,991=8766\times 11-2435,$
$8766=2435\times 4-974,$
$2435=974\times 2+487,$
$974=487\times 2+\underline{0}。$

所以 $(93\,991,102\,757)=487$。

例 1.9 设 $a=-1859,b=1573$，计算 (a,b)。

解：$1859=1\times 1573+286,$
$1573=5\times 286+143,$
$286=143\times 2+\underline{0}。$

所以 $(a,b)=(-1859,1573)=(1859,1573)=143$。

【你应该知道的】

欧几里得算法的计算机实现可描述如下。

GCD(a,b)

输入：整数 $a>b\geqslant 0$

输出：a 和 b 的最大公约数

1. while $(b\neq 0)$ do
   (1) $r=a\ \%\ b$;
   (2) $a=b$;
   (3) $b=r$。
2. return a。

算法为表达方便要求输入整数 $a>b\geqslant 0$，具体实现时可利用 $(a,b)=(|a|,|b|)$ 调整输入参数。

【进一步的知识】

欧几里得算法还可以通过递归调用实现：

GCD(a,b)

输入：整数 $a>b\geqslant 0$

输出：a 和 b 的最大公约数

1. if $b==0$ return a;
2. else return GCD$(b,a\ \%\ b)$。

由定理 1.4(4)知,$\forall x,y \in \mathbf{Z}$,有$(a,b)|ax+by$,实际上
$$\forall a,b \in \mathbf{Z}, \exists x_0, y_0 \in \mathbf{Z}, \text{使得}(a,b) = ax_0 + by_0 \tag{1-3}$$
这是由于$(a,b)=r_n=r_{n-2}-r_{n-1}q_{n-1}=r_{n-2}-(r_{n-3}-r_{n-2}q_{n-2})q_{n-1}=\cdots=ax_0+by_0$。即$(a,b)$可以表示为$a$和$b$的整系数线性组合,$x_0$和$y_0$称为线性表出系数。

同时求出最大公约数和线性表出系数的算法称为**扩展欧几里得算法**。

例 1.10 求使$(243,198)=243x+198y$成立的x和y。

解:
$243=198+1\times 45$ $9=198\times(-2)+(243-198)\times 9=243\times 9-198\times 11$
$198=45\times 4+18$ $9=45-(198-45\times 4)\times 2=198\times(-2)+45\times 9$
$45=18\times 2+9$ $9=45-18\times 2$
$18=9\times 2$

所以$(243,198)=9$; $x=9,y=-11$。

注意到,对于$\gcd(a_0,b_0)=d$,对于输入a_0和b_0利用欧几里得算法最终会得到$\gcd(d,0)$,此时$a_n=d, b_n=0$。

(1) 把a_n和b_n代入$ax+by=d$,显然$x_n=1$,y_n可以为任意值,不妨取$y_n=0$。

(2) 如果x_i、y_i是$a_i \times x_i + b_i \times y_i = d$的解,那么对于$a_{i-1} \times x_{i-1} + b_{i-1} \times y_{i-1} = d$,$a_i = b_{i-1}$,$b_i = a_{i-1} \% b_{i-1}$,($x\%y$表示$x$除以$y$的余数),即:
$$b_{i-1} \times x_i + (a_{i-1} \% b_{i-1}) \times y_i = d$$
$$\Rightarrow a_{i-1} \times y_i + b_{i-1} \times (x_i - [a_{i-1}/b_{i-1}] \times y_i) = d$$

即: $x_{i-1} = y_i, y_{i-1} = x_i - [a_{i-1}/b_{i-1}] \times y_i \tag{1-4}$

其中,$[a/b]$表示取a/b的整数部分。

如$a=243, b=198$时上述过程可以表述为:

i	a_i	b_i	a_i/b_i	$a_i\%b_i$	x_i	y_i
0	243	198	1	45	9	$-2-9\times 1=-11$
1	198	45	4	18	-2	$1-(-2)\times 4=9$
2	45	18	2	9	1	$0-1\times 2=-2$
3	18	9	2	0	0	$1-0\times 2=1$
4	9	0	/	/	1	0

根据式(1-4),就可以用程序进行迭代了。

【不妨一试】

请使用熟悉的程序设计语言,或者使用程序流程图、伪码的方式,根据上述分析,写出扩展欧几里得算法。

上述方法需首先计算出最大公约数,然后逐步逆向代入,求解出线性表示系数,实际上,扩展欧几里得算法还有一种更有效的实现方式。

因为$r_0 = r_1 q_1 + r_2$,
所以$r_2 = r_0 \times 1 - r_1 \times q_1$
$r_1 = r_2 q_2 + r_3$, $r_3 = r_1 - r_2 q_2 = r_1 - (r_0 - r_1 q_1)q_2 = r_0 \times (-q_2) + r_1 \times (1 + q_1 q_2)$
$r_2 = r_3 q_3 + r_4$, $r_4 = r_2 - r_3 q_3 = (r_0 \times 1 - r_1 \times q_1) - (r_0 \times (-q_2) + r_1 \times (1 + q_1 q_2))q_3$
         $= r_0 \times (1 + q_2 q_3) + r_1 \times (-q_1 - (1 + q_1 q_2)q_3)$
⋮

所以 $ax+by=(a,b)$ 可写作 $r_i=r_0\times x_i+r_1\times y_i$，其中，$r_0=a,r_1=b,r_n=(a,b)$。

i	x_i	y_i
1	1	$-q_1$
2	$-q_2\times 1$	$1-(-q_1)\times q_2$
3	$1-(-q_2)\times q_3$	$-q_1-(1-(-q_1)\times q_2)q_3$
⋮	⋮	⋮

不妨猜想：

$$x_i=x_{i-2}-x_{i-1}\times q_i, \quad y_i=y_{i-2}-y_{i-1}\times q_i, \tag{1-5}$$

其中，$x_{-1}=1,x_0=0,y_{-1}=0,y_0=1$。可以通过数学归纳法证明，此处从略。

如 $a=243,b=198$ 时上述过程可以表述为：

i	a_i	b_i	$a_i\%b_i$	q_i	x_i	y_i	$a_i\%b_i=a_1x_i+b_1y_i$
−1					1	0	
0					0	1	
1	243	198	45	1	$1-0\times 1=1$	$0-1\times 1=-1$	$45=243\times 1+198\times(-1)$
2	198	45	18	4	$0-1\times 4=-4$	$1-(-1)\times 4=5$	$18=243\times(-4)+198\times 5$
3	45	18	9	2	$1-(-4)\times 2=9$	$-1-5\times 2=-11$	$9=243\times 9+198\times(-11)$
4	18	9	0	2			

可将扩展欧几里得算法描述如下。

Extended_GCD(a,b)

输入：整数 $a>b\geqslant 0$

输出：a 和 b 的最大公约数，整数 x_0 和 y_0 满足 $ax_0+by_0=(a,b)$

1. $x_0=1,x_1=0,y_0=0,y_1=1$;   //初始化
2. while ($b\neq 0$) do
    (1) $q=[a/b]$;   //$[x]$表示取整
    (2) $r=a-bq$;
    (3) $x_2=x_0-x_1q,y_2=y_0-y_1q$;
    (4) $a=b,b=r,x_0=x_1,y_0=y_1,x_1=x_2,y_1=y_2$。
3. return a,x_0,y_0。

【思考】

如果 $a=1\,844\,674\,407\,370\,955\,161\,621$，$b=1\,236\,744\,073\,709\,551\,616$，上面的计算最大公约数的算法有什么问题？有什么解决方法？

【你应该知道的】

能够计算出最大公约数，求解最小公倍数就容易了，由定理1.7(3)可知 $\mathrm{lcm}(a,b)=a\times b/\gcd(a,b)$。实际上计算最好使用 $\mathrm{lcm}(a,b)=a/\gcd(a,b)\times b$。

1.4 二元一次方程

解方程是代数中的一个基本的问题,在古代,当算术里积累了大量的关于各种数量问题的解法后,为了寻求系统的、普遍的方法,以解决各种数量关系的问题,就产生了以解方程的原理为中心问题的初等代数。与中学学习的解方程方法不同之处在于:

(1) 本书关注的都是方程的**整数解**;

(2) 本节研究一个二元一次方程的求解。

定理 1.8 二元一次方程有解的条件

设 a,b 为不全为零的整数,$c\in \mathbf{Z}$,则方程 $ax+by=c$ 有整数解 $\Leftrightarrow (a,b)|c$。

证明: $\Rightarrow$:若 $ax+by=c$ 有整数解,显然 $(a,b)\times(a/(a,b)\times x+b/(a,b)\times y)=c$,所以 $(a,b)|c$;

$\Leftarrow$:不失一般性,可设 $a,b>0$,因此存在整数 u 和 v 使 $au+bv=(a,b)$,因为 $(a,b)|c$,所以不妨设 $c=(a,b)\times q, q\in \mathbf{Z}$,

所以 $x_0=uq, y_0=vq$ 是方程 $ax+by=c$ 的整数解。证毕。

推论 1.6 二元一次方程的解。

当 a,b 为不全为零的整数,$c\in \mathbf{Z}$,$(a,b)|c$,方程 $ax+by=c$ 有**特解** x_0,y_0,方程**通解**可以表示为:$x=x_0+bt/(a,b), y=y_0-at/(a,b), t\in \mathbf{Z}$。

例 1.11 求方程 $243x+198y=909$ 的整数解。

解: 先求出系数的线性表达式,则先使用欧几里得除法计算系数的最大公约数:

$243=198+45$ $9=(243-198)\times 9-198\times 2=243\times 9-198\times 11$,

$198=45\times 4+18$ $9=45-(198-45\times 4)\times 2=45\times 9-198\times 2$,

$45=18\times 2+9$ $9=45-18\times 2$,

$18=9\times 2$ 反推:

因为 $(243,198)=9|909$,

所以此方程有解;

因为 $243\times 9-198\times 11=9$,

所以 $243\times 9\times 101-198\times 11\times 101=101\times 9$,

所以 $x_0=101\times 9=909, y_0=-11\times 101=-1111$ (特解),

所以 $x=909+198/9\times t=909+22t, y=-1111-243/9\times t=-1111-27t, t\in \mathbf{Z}$ (通解)。

【不妨一试】

你能编程实现求解整系数方程 $nx+my=k$ 的整数解吗?

例 1.12 求多元一次方程 $12x+6y-5z=13$ 的整数解。

解: 设 $u=2x+y$,解为 $x=u+s, y=-u-2s, s\in \mathbf{Z}$;

而原方程化为:$6u-5z=13$,

因为 $(6,5)=1|13$,所以有解,

因为 $13=6\times 3-5\times 1$,所以 $u=3+5t, z=1+6t, t\in \mathbf{Z}$;

所以 $x=3+5t+s, y=-3-5t-2s, z=1+6t, t,s\in \mathbf{Z}$。

1.5 整数唯一分解定理

整数唯一分解定理又称为算术基本定理,是整除理论的中心内容之一,是初等数论中最为基础同时也是最为重要的结论之一。

定理 1.9 整数唯一分解预备定理

若 p 为素数,则整数 a 不能被 p 整除 $\Leftrightarrow (p,a)=1$。

证明:因为 p 为素数,

所以 p 只有两个正因数,即 1 和 p。

若 $(p,a) \neq 1$,则只有 $(p,a)=p$,与整数 a 不能被 p 整除矛盾。

反之,若 $(p,a)=1$,则 p 和 a 是互素的,故 $p \nmid a$。证毕。

推论 1.7 设 p 为素数,$a_1, a_2, \cdots, a_n \in \mathbf{Z}, n \geqslant 2, n \in \mathbf{Z}$,如果 $p \Big| \prod_{k=1}^{n} a_k$,则 $\exists i \in \mathbf{Z}, 1 \leqslant i \leqslant n$,使得 $p | a_i$。

定理 1.10 整数唯一分解定理(算术基本定理)

任意大于 1 的整数 n 都可以表示成素数的乘积,在不考虑顺序的情况下,该表达式唯一。

即 $\forall n \in \mathbf{Z}$ 有 $n = \prod_{k=1}^{s} p_k, p_1 \leqslant p_2 \leqslant \cdots \leqslant p_s$,其中,$p_k (1 \leqslant k \leqslant s)$ 是素数;若 $n = \prod_{k=1}^{t} q_k$,$q_1 \leqslant q_2 \leqslant \cdots \leqslant q_t$,其中,$q_k (1 \leqslant k \leqslant t)$ 是素数;则 $s=t, p_k = q_k$。

将分解式 $n = \prod_{k=1}^{s} p_k$ 中相同的素数合并,即可得到:

$$n = \prod_{k=1}^{s} p_k^{\alpha_k} \tag{1-6}$$

其中,p_k 是两两不同的素数,整数 $\alpha_k > 0, 1 \leqslant k \leqslant s$。式(1-6)称为整数 n 的标准分解式。

例 1.13 $45 = 3^2 \times 5, 49 = 7^2, 100 = 2^2 \times 5^2, 128 = 2^7$。

推论 1.8 设 $n \in \mathbf{Z}, n > 1$,且有标准分解式 $n = \prod_{k=1}^{s} p_k^{\alpha_k}$,$p_k$ 是两两不同的素数,$\alpha_k > 0, 1 \leqslant k \leqslant s$,则:$d | n \Leftrightarrow d = \prod_{k=1}^{s} p_k^{\beta_k}, 0 \leqslant \beta_k \leqslant \alpha_k, 1 \leqslant k \leqslant s$。

【思考】

标准分解式 $n = \prod_{k=1}^{s} p_k^{\alpha_k}$ 的整数 n 有多少个不同的正因数?

可以看出整数唯一分解定理实际上是从谱系的角度考察正整数,为研究整数的性质提供了一种确切而富有效率的做法。在实际使用中,为分析的便利性,常将指数 α_k 的限制条件放宽到 $\alpha_k \geqslant 0$。利用整数标准分解式,最大公约数、最小公倍数的求解也变得直观了,一些性质的证明也随之简单明了了。

定理 1.11 设大于 1 的整数 $a = \prod_{k=1}^{s} p_k^{\alpha_k}, b = \prod_{k=1}^{s} p_k^{\beta_k}$,其中,$p_k$ 是两两不同的素数,整数 $\alpha_k \geqslant 0, \beta_k \geqslant 0, 1 \leqslant k \leqslant s$。则:

(1) $ab = \prod_{k=1}^{s} p_k^{\gamma_k}$，其中，$\gamma_k = \alpha_k + \beta_k (1 \leqslant k \leqslant s)$；

(2) $a|b \Leftrightarrow \alpha_k \leqslant \beta_k (1 \leqslant k \leqslant s)$；

(3) $(a,b) = \prod_{k=1}^{s} p_k^{\gamma_k}$，其中，$\gamma_k = \min(\alpha_k, \beta_k)(1 \leqslant k \leqslant s)$；

(4) $[a,b] = \prod_{k=1}^{s} p_k^{\gamma_k}$，其中，$\gamma_k = \max(\alpha_k, \beta_k)(1 \leqslant k \leqslant s)$。

例 1.14 计算 45、100、150 的最大公约数和最小公倍数。

解：因为 $45 = 3^2 \times 5, 100 = 2^2 \times 5^2, 150 = 2 \times 3 \times 5^2$，

所以 $(45,100,150) = 2^0 \times 3^0 \times 5^1 = 5$，$[45,100,150] = 2^2 \times 3^2 \times 5^2 = 900$。

例 1.15 已知 $n|ab, n|cd, n|ac+bd$，求证：$n|ac, n|bd$。

证明：设 n 的标准分解式为 $n = \prod_{i=0}^{k} p_i^{\alpha_i}$，

因为 $n|ab, n|cd$，

所以 $n^2 | abcd$，

即：$\prod_{i=0}^{k} p_i^{2\alpha_i} | abcd$，

所以 $\forall i$ 有：$p_i^{\alpha_i} | ac$ 或 $p_i^{\alpha_i} | bd$

又因为 $n|ac+bd$，所以 $\forall i, p_i^{\alpha_i} | ac$ 和 $p_i^{\alpha_i} | bd$ 同时成立，

即：$n|ac, n|bd$，证毕。

【你应该知道的】

整数标准分解式是通过正整数的素因子分解建立的，是一个构造性过程，这并不意味这是一个实际可行的算法。实际上，**大整数分解的困难性恰恰成为密码设计依赖的一个出发点**。

1.6 素数

素数的研究是密码学的一个重要问题，很多密码算法都是建立在大素数的基础上的。关于素数有多少、素数的分布、素性判断等问题的研究对密码学发展也起到推动作用。这里仅介绍一些重要结论，更多内容请查阅相关文献。

定理 1.12 素数有无穷多个

证明：(反证法)假设素数个数是有限的，设 $p_1 \leqslant p_2 \leqslant \cdots \leqslant p_s$ 是全部素数。有一个大于 1 的整数 $n = \prod_{k=1}^{s} p_k + 1$，$n$ 有一个素因子 q。则由于全部素数只有 $p_1 \leqslant p_2 \leqslant \cdots \leqslant p_s$，因此 q 必为其中的某一个，不妨假定 $q = p_i (1 \leqslant i \leqslant s)$，因此 $p_i | n$，但 $n = \prod_{k=1}^{s} p_k + 1$ 可知 $(p_i, n) = 1$，产生矛盾。因此素数有无穷个。证毕。

例 1.16 求证：形如 $4n-1$ 的素数有无穷多个。

证明：设形如 $4n-1$ 的素数只有有限个，设 $m_i = 4k_i - 1 (k_i \in \mathbf{Z}, i=1,2,\cdots,s)$ 是形如

$4n-1$ 的有限的 s 个素数,则构造一个新的形如 $4n-1$ 的数字 $p=4\prod_{i=1}^{s}m_i-1$,

因为 $m_i | p+1$,

所以 $(m_i,p)=1, i=1,2,\cdots,s$,

所以 p 的所有素因子都不在这 s 个素数中。

再证 p 的素因子中有形如 $4n-1$ 的。

因为素数只能为 $4n\pm 1$ 的形式,而 p 的素因子不可能全为 $4n+1$ 的形式,否则 p 只能是 $4n+1$ 形式,

所以 p 的素因子形如 $4n-1$ 却不在这有限的 s 个素数中,矛盾。

即形如 $4n-1$ 的素数有无穷多个。证毕。

【思考】

是否能类似地证明形如 $4n+1$ 的素数有无穷多个?

注意形如 $4n+1$ 的数字的 p 的素因子可能不是 $4n+1$ 型的。因为,$(4s-1)(4t-1)=4x+1$,所以形如 $4n+1$ 的数字的 p 的素因子可能全是形如 $4n-1$ 的。因此,构造 p 的时候需考虑让 p 只有 $4n+1$ 形式的素因子。

定理 1.13 素数定理 $\lim\limits_{x\to +\infty}\dfrac{\pi(x)}{\dfrac{x}{\ln x}}=1$

其中,x 为正整数,$\pi(x)$ 表示不超过 x 的素数的个数,$\ln x$ 表示 x 的自然对数。

素数定理说明,素数在正整数集合中的分布是稀疏的。

【思考】

素数越大越"稀疏",可以找到长度超过 n、没有一个素数、连续的整数数列吗?

【进一步的知识】

自古以来,数学家都在致力于解决寻找素数的问题,梦想发明能够计算出素数的公式。欧拉给出的公式很简单:n^2+n+41,在 1000 万以下的所有素数中,该公式可得出占总素数的 47.5%。而当 n 值较低时,这个公式工作得很有成效。当 n 值小于 100 时,该公式得出 86 个素数,合数只有 14 个。当 n 值小于 2398 时,得素数的机会一半对一半。类似的公式还有 $4n^2+170n+1847, n!\pm 1$ 等。

下面介绍两种密码学中使用的具有特殊形式的素数。

定义 1.5 费马素数(Fermat 素数) 形如 $F(n)=2^{2^n}+1$ 的素数称为费马素数。

例 1.17 求证:若 2^m+1 为素数,则 $m=2^n$。

证明:设 $m=1, 2^m+1=3$ 为素数,此时 $m=2^0$;

若 $m>1$,设奇素数 $p | m$,

因为 $2^{m/p}+1 | 2^m+1$,

又因为 $2^{m/p}+1\geqslant 3$,

所以 2^m+1 为合数,产生矛盾

所以 m 没有奇素因子,即 m 只能有素因子 2;

也就是 $m=2^n$,证毕。

这是一个必要非充分条件,$F(n)$ 并不一定是素数。1732 年,欧拉巧妙地证明了 $641 | F(5)$,

此时 $F(n)$ 只能称为费马数。目前,人们还不知道费马素数是否是无穷多个。

定义 1.6 梅森素数(Mersenne 素数)　形如 $M_p = 2^p - 1$ 的素数称为梅森素数。

例 1.18　求证:若 $m^n - 1$ 为素,则 $m = 2$ 且 n 为素。

证明:因为 $\forall p, q, n \in \mathbf{Z}, p \neq q, p - q | p^n - q^n$,

所以 $m - 1 | m^n - 1$,

所以 $m^n - 1$ 为素数要求 $m - 1 = 1$,即 $m = 2$;

当 $m = 2$ 时,若 n 为合数,n 有素因子 k,则 $2^k - 1 | 2^n - 1$,且 $2^k - 1 \geqslant 2^2 - 1 = 3$,

所以 $2^n - 1$ 为合数,与 $m^n - 1$ 为素数矛盾,

所以 $m = 2$,n 为素数。证毕。

同样的,M_p 也不一定是素数。

截至 2014 年 4 月,累计发现 48 个梅森素数,最大的是 $p = 2^{57\,885\,161} - 1$,这也是已知的最大素数,此时 M_p 是一个 17 425 170 位数,每位若占 1cm,这个数字将比 4 个马拉松赛道还要长,那么如何判断这个数字是素数呢?

寻找素数、有效地确定一个给定的数是否是素数通常使用被称作"素性检验"的方法,将在第 4 章中介绍。

由于计算机采用二进制,费马素数和梅森素数作为素数被利用时,可以将除法转化为移位加减法,从而带来计算上的便利。如给定整数 a,可表示为 $a = M_p \times q + r$,由于 $a = 2^p \times a_0 + a_1 = (2^p - 1) \times a_0 + a_1 + a_0$,所以 $q = a_0, r = a_1 + a_0$,其中,a_1 为 a 的最低 n 个有效位,a_0 为 a 右移 n 位。若 $|a_1 + a_0| > M_p$,则对其继续进行上述运算。

例 1.19　10100010 00111100 10101011 除以 $2^{17} - 1$ 所得的余数是多少?

解:余数 $r = 1010001 + 0\ 00111100\ 10101011 = 111100\ 11111100$。

小结

本章主要研究了整数之间的关系,主要内容归纳为以下三个部分。

(1) 对于一个正整数 a:

$$a = \begin{cases} 1。\\ \text{素数:2 和奇素数。} \\ \text{合数:唯一分解为素数幂的乘积:} n = \prod_{k=1}^{s} p_k^{\alpha_k}, p_k \text{ 为素数}, \alpha_k \text{ 为整数。} \end{cases}$$

(2) 对于两个正整数 a 和 b:

① $a = bq + r \begin{cases} r = 0 & \Leftrightarrow & b | a & \Leftrightarrow & (a, b) = b \\ r \in [0, b) & \Rightarrow & (a, b) = (b, r); \end{cases}$

② $a | b, b | a \Leftrightarrow a = \pm b$;

③ 若 a 是素数,则 $a | b$ 或者 $(a, b) = 1$;

④ $(a, 1) = 1$;$(a, 0) = a$;$(a, b) = (-a, b)$;

⑤ $\forall x, y \in \mathbf{Z}, (a, b) | ax + by$;$\exists x_0, y_0 \in \mathbf{Z}, (a, b) = ax_0 + by_0$。

(3) 对于三个正整数 a, b 和 c:

① $a | b, b | c \Rightarrow a | c$;

② $c|a, c|b \Rightarrow c|(a,b), c|ax+by$；

③ $((a,b),c)=(a,b,c)=(a,(b,c))$；

④ c 是素数，$c|ab$，则 $c|a$ 或 $c|b$。

作业

1. 设 $n \in \mathbf{Z}$，若 $2|n, 5|n, 11|n$，求证：$110|n$。

2. 求证：任意三个连续整数的乘积能被 6 整除。

3. 请判断下面两数是否满足 $x|y$：

   (1) $x=3517, y=763\,189$　　　　　(2) $x=189, y=89\,654$

4. 若 $(x,y)=1$，请计算 $(x+y, x^2+y^2+xy)$。

5. 若 $x, y \in \mathbf{Z}, n \in \mathbf{Z}^+$，求证：

   (1) 若 $(x,y)=1$，则 $(x^n, y^n)=1$；

   (2) 若 $x^n | y^n$，则 $x|y$。

6. 请计算最大公约数，并将其表示为两数的整系数线性组合：

   (1) $1387, 162$；

   (2) $1613, -3589$；

   (3) $-2947, 3772$；

   (4) $100\,000\,127, 100\,000\,463$；

   (5) $123\,456\,789, -654\,321$。

7. 请计算：$(27\,090, 21\,672, 11\,352)$。

8. 设 $m, n \in \mathbf{Z}^+$，求证：$(a^m-1, a^n-1)=a^{(m,n)}-1$。

9. 求解二元一次不定方程：

   (1) $987x+2668y=610$　　　　　(2) $12\,345x+678y=14$

   (3) $345x+1225y=21$　　　　　(4) $543x+678\,910y=45$

10. 求解方程：$x+8y+50z=156$。

11. 写出下列整数的唯一分解式：

    (1) $77\,571$　　　　(2) $34\,560$　　　　(3) $247\,860$

12. 标准分解式 $n=\prod_{k=1}^{s} p_k^{a_k}$ 的整数 n 有多少个不同的正因数？

13. 设 $a, b, c \in \mathbf{Z}$，求证：$[(a,b),(a,c)]=(a,[b,c])$。

14. $11\cdots11_2$（中间 n 个 1）是质数还是合数？$10\cdots01_2$（中间 n 个 0）呢？

15. 设 $n \in \mathbf{Z}^+, n>2$，求证：n 和 $n!$ 之间必有素数。

16. 求证：形如 $4n+1$ 的素数有无穷多个。

17. 请编写一个实现 n 进制和 m 进制数字相互转换的程序（如十进制和二进制），给出程序的关键代码和数学原理。

18. 编写程序产生 10 000 以内的素数，请写出找到的素数的个数、最大的两个素数。请给出关键代码，记录运行时间，分析最耗时的步骤，对比写出程序中已经实现的提高效率的措施。

19. 请用程序实现 $nx+my=k$ 的求解,并求出 $m=100\ 000\ 127, n=100\ 000\ 463, k=3271$ 的解。给出关键代码与关键的中间结果。分析程序设计过程中容易犯的错误或者是注意要点(至少给出三个)。

20. 有一个数字游戏:将你的生日写成连续的数字,如伟大的高斯出生在 1777 年 4 月 30 日,写成 17 770 430,将这个数字重新排列,得到最大的数字减去最小的数字的差,如果这个数是 9 的倍数,则你将名留青史。如高斯的数字是 77 743 100－00 134 777＝77 608 323,这个数字能被 9 整除,注定了高斯的成功。

你的生日也是如此吗？你的朋友的呢？你知道为什么会有这个结果吗？

第 2 章 同 余

【教学目的】

掌握同余、剩余类/系、逆元、欧拉函数等基本概念,能够利用欧拉定理和费马小定理化简、求解高次幂的同余式,能够求解同余方程式和同余方程组。掌握同余理论、模重复平方计算法和孙子定理在计算机和密码学中的应用。

【教学要求】

通过本章的学习,读者能够:

(1) 识记:同余、剩余类和剩余系、逆元、欧拉函数等基本概念和性质。

(2) 领会:欧拉函数、剩余类的分解、完全剩余系的分解。

(3) 简单应用:运用模重复平方法、欧拉定理计算高次幂同余式,解一次同余方程式和同余方程组。

(4) 综合应用:同余理论、欧拉定理、孙子定理、模重复平方计算法等在 RSA 公钥密码机制中的应用。

【学习重点与难点】

本章重点是同余的基本性质、逆元,解一次同余方程,模重复平方计算法,欧拉函数,欧拉定理与费马小定理,孙子定理解一次同余方程组;难点在于模重复平方计算法、孙子定理解一次同余方程组和 RSA 公钥密码机制。

在正式开始本章学习之前,请首先思考下面生活中常遇到的问题。

(1) 24 小时制的 19 点为什么就是 12 小时制的晚上 7 点?

(2) 如何将计时器记录的 10 000ms 转化为××小时××分××秒的形式?

(3) 如果今天是星期二,5 天后是星期几? 50 天后呢? 5000 天后呢?

你能给出下面这道常见算法题的解法吗:如何判断链表是否有环? 如何计算出环的长度?

你能设计一个简单的掷骰子游戏,展示用户掷出的任意点数吗? 或者你能设计一个扑克游戏,实现将 54 张扑克随机发给各玩家吗?

你知道可以通过一条乘法语句就快速地实现加密吗? 图 2-1 通过"$y = x \times \text{subindex} \% N$"快速地将图 2-1(a)所示的 lena 图像加密为无意义乱码的图 2-1(b),其中 subindex 代表每个像素的坐标,x 和 y 分别代表加密前后图像中像素的灰度值,N 取值 251。

总之,无论是生活中、程序设计中还是密码学算法中,都会遇到本章讲述的内容:同余理论。

(a) 原始lena图像　　　　　　　　(b) 加密后lena图像

图 2-1　简单加密算法示意图

2.1　同余

在数学中,所谓同余,其实就是"余数相同"。如钟表转一圈一共 12 点,$19=12\times1+7$,$7=12\times0+7$,因为 19 和 7 除以 12 余数相同,因此 19 和 7 模 12 同余(除数称为"模"),因此 19 点等于 7 点(模 12 点的意义下)。

定义 2.1　同余

设 $m,a,b\in \mathbf{Z},m\neq 0,a=q_1 m+r_1,b=q_2 m+r_2,q_1,q_2,r_1,r_2\in \mathbf{Z}$,若 $r_1=r_2$,称 a 和 b 模 m 同余,记为 $a\equiv b\pmod{m}$;否则称 a 和 b 模 m 不同余,记为 $a\not\equiv b\pmod{m}$。

【请你注意】

(1) $a\equiv b\pmod{m}$ 还可以记为 $a\equiv_m b$。

(2) $a\equiv b\pmod{m}$ 有两种等价的整除式表示形式:$m\mid a-b$ 或 $a=b+km,k\in \mathbf{Z}$。

(3) 同余是一种等价关系。

例 2.1　$15\equiv 1\pmod 7$;$25\equiv 4\pmod 7$;$35\equiv 0\pmod 7$。

例 2.2　设 $m\in \mathbf{Z}$,求证:$(mn-1,m^3)=1$。

证明:设 $(mn-1,m^3)=d$,

所以 $mn\equiv 1\pmod d$,$m^3\equiv 0\pmod d$,

所以 $m^2\equiv mn\times m^2\equiv n\times m^3\equiv 0\pmod d$,

所以 $m\equiv mn\times m\equiv n\times m^2\equiv 0\pmod d$,

所以 $1\equiv mn\equiv 0\pmod d$,

所以 $d=1$,证毕。

【思考】

如果今天是星期二,那么 20 天后是星期一(因为 $20\equiv -1\pmod 7$),你知道如何计算某个日期是星期几吗?如 2008 年 5 月 20 日是星期几?

有一个著名的蔡勒公式可以计算出任意给定的 n 年 m 月 k 日的星期数,你知道是怎么计算的吗?是怎么推论出来的?

【思考】　同余在计算机基础中的应用

(1) 异或操作其实是模 2 加法，为什么？

a	1	1	0	0		a	1	1	0	0
b	1	0	1	0		b	1	0	1	0
a xor b	0	1	1	0		$a+b \pmod 2$	0	1	1	0

(2) 补码的表示方法是：正数的补码就是其本身；负数的补码是符号位不变，其余各位取反，最后加上 1。计算机通过采用补码，巧妙地把符号位参与运算，将减法变成了加法，这背后蕴含怎样的数学原理呢？

十进制	补码	
3	0 000 0011	0 000 0011
-5	1 111 1011	$+$ 1 111 1011
		1 111 1110 → 十进制 -2

十进制	补码	
-3	1 111 1101	1 111 1101
-5	1 111 1011	$+$ 1 111 1011
		$\boxed{1}$ 1 111 1000 → 十进制 -8

(3) C 语言里常用到移位操作，如 $x \ll 1$ 和 $x \gg 1$，分别表示将整型数 x 按二进制位向左移一位和向右移一位，高位移除后低位补 0。如 $x=3$ 写成二进制数是 0000 0011，$x \ll 1$ 变成 0000 0110，结果是 6；$x \gg 1$ 进行算术右移变成 0000 0001，结果是 1。又如 $x=-3$ 写成二进制数是 1111 1101，$x \ll 1$ 变成 1111 1010，结果是 -6，$x \gg 1$ 进行算术右移变成 1111 1110，结果是 -2。根据前面的介绍，你能将移位操作用数学公式表达出来吗？循环移位呢？

(4) 字符串移位包含的问题：给定两个字符串 S_1 和 S_2，要求判定 S_2 是否能够被 S_1 做循环移位得到的字符串包含。例如，给定 $S_1=$"AABCD"和 $S_2=$"CDAA"，返回"true"；给定 $S_1=$ABCD 和 $S_2=$ACBD，返回"false"。《编程之美》一书中给出了两种方法。解法一：对字符串 S_1 进行循环移位，依次对字符串 S_2 进行字符串包含与否的判断，遍历所有可能性。此法直接、易懂，但是效率不高。解法二：注意到对 S_1 做循环移位所得的所有字符串都是字符串 $S_1 S_1$ 的子字符串，将问题转化成考察 S_2 是否在 $S_1 S_1$ 中。尽管解法二效率提高了，但是却多占用了 S_1 大小的空间。我们能够更进一步得到解法三：利用循环队列的思想，在 S_1 后面"虚拟"地加上一个 S_1，把 S_1 的最后一个元素，再指回 S_1 的第一个元素，再按照解法二的思路进行即可。你知道循环队列的指针应该如何实现吗？你能给出上述问题解法三的代码吗？

定理 2.1 设 $m,a,b,c,d,k \in \mathbf{Z}, m \neq 0, a \equiv b \pmod m, c \equiv d \pmod m$

(1) $\forall x, y \in \mathbf{Z}, ax+cy \equiv bx+dy \pmod m$，特别地：$a+k \equiv b+k \pmod m$。

(2) $ac \equiv bd \pmod m$，特别地：$ak \equiv bk \pmod m$，$a^k \equiv b^k \pmod m$。

(3) 设 $n \in \mathbf{Z}^+, f(x)=\sum_{i=1}^n a_i x^i, g(y)=\sum_{j=1}^n b_j y^j, \forall a_i, b_j \in \mathbf{Z}$，若 $\forall 1 \leqslant i \leqslant n, a_i \equiv b_i \pmod m$，则 $\forall x \equiv y \pmod m$，有 $f(x) \equiv g(y) \pmod m$。

(4) 若 $d \mid m$，则 $a \equiv b \pmod d$。

(5) 若 $d|(a,b,m)$，则 $\dfrac{a}{d} \equiv \dfrac{b}{d} \left(\bmod \dfrac{m}{d}\right)$。

(6) 若 $ak \equiv bk (\bmod m)$，则 $a \equiv b \left(\bmod \dfrac{m}{(m,k)}\right)$。

(7) 若 $a \equiv b (\bmod m_i), \forall 1 \leqslant i \leqslant k \Leftrightarrow a \equiv b (\bmod [m_1, m_2, \cdots, m_k])$。

(8) $(a,m) = (b,m)$。

证明：$a \equiv b(\bmod m) \Leftrightarrow a = b + q_1 m, c \equiv d(\bmod m) \Leftrightarrow c = d + q_2 m, q_1, q_2 \in \mathbf{Z}$

(1) $\forall x, y \in \mathbf{Z}, ax + cy = bx + dy + (q_1 x + q_2 y)m$，

所以 $ax + cy \equiv bx + dy (\bmod m)$。

(2) $ac = bd + (dq_1 + bq_2 + q_1 q_2 m)m$，

所以 $ac \equiv bd (\bmod m)$；

还可以写成：$ac \equiv (a(\bmod m) \times c(\bmod m))(\bmod m)$。

(3) 由(1)易证，此处从略。

(4) 因为 $a \equiv b (\bmod m)$，

所以 $m | a - b$，

因为 $d | m$，

所以 $d | a - b$，

所以 $a \equiv b (\bmod d)$。

(5) 因为 $a = b + q_1 m, d | (a, b, m)$，

所以 $\dfrac{a}{d} = \dfrac{b}{d} + q_1 \dfrac{m}{d}$，

所以 $\dfrac{a}{d} \equiv \dfrac{b}{d} \left(\bmod \dfrac{m}{d}\right)$。

(6) 因为 $ak \equiv bk (\bmod m)$，

所以 $m | (a-b)k$，

所以 $\dfrac{m}{(m,k)} \left| (a-b) \dfrac{k}{(m,k)} \right.$，

因为 $\left(\dfrac{m}{(m,k)}, \dfrac{k}{(m,k)}\right) = 1$，

所以 $\dfrac{m}{(m,k)} \left| (a-b) \right.$；

所以 $a \equiv b \left(\bmod \dfrac{m}{(m,k)}\right)$。

(7) 因为 $\forall 1 \leqslant i \leqslant k, a \equiv b (\bmod m_i)$，

所以 $m_i | a - b$，

所以 $[m_1, m_2, \cdots, m_k] | a - b$，

所以 $a \equiv b (\bmod [m_1, m_2, \cdots, m_k])$。

(8) 因为 $a = q_1 m + b$，

所以由定理 1.4(3)，$(a, m) = (m, b)$。

例 2.3 已知 $15 \equiv 1 (\bmod 7); 25 \equiv 4 (\bmod 7)$，所以：

(1) $40 \equiv 15 + 25 \equiv 1 + 4 \equiv 5 (\bmod 7)$；

(2) $145 \equiv 15 \times 3 + 25 \times 4 \equiv 1 \times 3 + 4 \times 4 \equiv 19 \equiv 5 \pmod 7$；

(3) $375 \equiv 15 \times 25 \equiv 1 \times 4 \equiv 4 \pmod 7$；

(4) $625 \equiv 25^2 \equiv 4^2 \equiv 16 \equiv 2 \pmod 7$。

例 2.4 已知 $35 \equiv 315 \pmod{28}$，所以：

(1) 因为 $28 = 7 \times 4$，

所以 $35 \equiv 315 \equiv 0 \pmod 7$，$35 \equiv 315 \equiv 3 \equiv -1 \pmod 4$；

(2) 因为 $7 | (35, 315, 28)$，

所以 $5 \equiv 45 \equiv 1 \pmod 4$；

(3) 因为 $(5, 45) = 5$，

所以 $1 \equiv 9 \pmod 4$；

(4) 因为 $35 \equiv 315 \pmod 5$，

所以 $35 \equiv 315 \pmod{[28,5]}$，即 $35 \equiv 315 \pmod{140}$；

(5) $(35, 28) = (315, 28) = 7$。

【思考】

问题：一个十进制数，什么时候能被 3 整除？

结论：当该数各位和为 3 的倍数时。

如对于 2 489 013，因为 $2+4+8+9+0+1 = 24$，

因为 $3 | 24$，

所以 $3 | 248\,901$。

为什么上述判断方法成立呢？

相似地，你能不能给出一个快速判断某个数是否能被 7 整除的口诀？

例 2.5 如果今天是星期三，请问 $2^{345\,678}$ 天后是星期几？

解：因为 $2^3 \equiv 8 \equiv 1 \pmod 7$，

所以 $2^{345\,678} \equiv 8^{115\,226} \equiv 1^{115\,226} \equiv 1 \pmod 7$，

所以 $2^{345\,678}$ 天后是星期四。

【思考】

若例 2.5 改为：如果现在是早上 11 点，$2^{345\,678}$ 小时后是几点？解法是相似的吗？是否出现了新困难？

你是否能够设计出一个程序帮助你求解类似的题目？

【你应该知道的】

解决上面问题的关键在于：程序应如何实现计算 $a^x \pmod m$？

当然我们可以重复地计算 $a \times a \times \cdots \times a \times a$，采用 $a^x \pmod m \equiv (a^{x-1} \pmod m) \times a \pmod m$ 实现，这样需要计算 $x-1$ 次乘法，算法时间复杂度为 $O(n)$。

考虑另一种方法，计算 $a^4 \pmod m$，我们会先算 $b \equiv a \times a \pmod m$，再算 $c \equiv b \times b \pmod m$，则 $c \equiv a^4 \pmod m$，只用了两次乘法，提高了效率。

再如，计算 $a^9 \pmod m \equiv a \times (a^4 \pmod m) \times (a^4 \pmod m) \pmod m$，只需用 4 次乘法。

一般地，计算 $a^n \pmod m$ 的时间复杂度为 $O(\log n)$。

这种计算方法叫作"**模重复平方法**（Binary Representation，BR）"。该算法计算 $a^x \pmod m$ 的核心思想是：

(1) 将幂指数 x 写成二进制形式；

(2) 从二进制第一位开始，遇到 1 就先平方再乘以 a，遇到 0 就直接平方。

如 $a=13, m=41$，则 $y \equiv a^9 (\bmod\ m)$ 的计算过程可表示为：

(1) 初始值 $y=1$；

(2) 9 写成二进制第一位为 1，则 $y \equiv y^2 \times a (\bmod\ m) \equiv 13$；

(3) 9 写成二进制第二位为 0，则 $y \equiv y^2 (\bmod\ m) \equiv 169 \equiv 5$；

(4) 9 写成二进制第三位为 0，则 $y \equiv y^2 (\bmod\ m) \equiv 25$；

(5) 9 写成二进制第四位为 1，则 $y \equiv y^2 \times a\ (\bmod\ m) \equiv 8125 \equiv 7$。

所以，$13^9 (\bmod\ 41) \equiv 7$。

同理，$y \equiv a^{10} (\bmod\ m)$ 的计算过程可表示为：

(1) 初始值 $y=1$；

(2) 10 写成二进制第一位为 1，则 $y \equiv y^2 \times a (\bmod\ m) \equiv 13$；

(3) 10 写成二进制第二位为 0，则 $y \equiv y^2 (\bmod\ m) \equiv 169 \equiv 5$；

(4) 10 写成二进制第三位为 1，则 $y \equiv y^2 \times a\ (\bmod\ m) \equiv 325 \equiv 38$；

(5) 10 写成二进制第四位为 0，则 $y \equiv y^2 (\bmod\ m) \equiv 1444 \equiv 9$。

所以，$13^{10} (\bmod\ 41) \equiv 9$。

【你应该知道的】

(1) 编程时，求余数主要通过两个函数实现："％"（如 C、C++、C♯、Java 等）和"mod"（如 MATLAB、Excel、VB、ASP、Delphi、VFP 等）；

(2) 同余是补码、循环队列、随机数产生、检错码等应用的理论基础；在密码学领域，各种算法都离不开同余。

【进一步的知识】

下面以古老的凯撒密码为例，介绍同余在古典加密方法中的应用。

凯撒密码的得名源于据说它是在古罗马时代凯撒大帝为防止军事情报泄密而使用过的一种简单的代替式密码。在这种方法中，每个字母被字母表中其后的第三个字母所代替，例如，A 换成 D，B 换成 E，…，X 换成 A，Y 换成 B，Z 换成 C，于是，凯撒和你打招呼时会说 khoor 而不是 hello（当然，他当年使用的不是英语），而攻击命令 attack 就会被加密成 dwwfn。

如果用 M 代表加密前的文字（明文），C 代表加密后的乱码（密文），C_i 和 M_i 分别代表第 i 位密文和明文，加密（Encryption）函数 E 将明文转换为密文，则凯撒密码的加密过程可用数学方法表示为式(2-1)：

$$C_i = E(M_i) = M_i + 3\ (\bmod\ 26) \qquad (2-1)$$

相应地，凯撒密码的解密方法为各字母前移三位，解密（Decryption）函数 D 用数学方法表示为式(2-2)：

$$M_i = D(C_i) = C_i - 3\ (\bmod\ 26) \qquad (2-2)$$

显然 $D(E(M)) = M$，因此可以把密文正确还原为明文。

当然式(2-1)和式(2-2)中模 26 是针对英文字母来说，可以根据不同的使用条件进行调整，如使用 ASCII 码。那么，你能实现一个对汉字进行凯撒加密和解密的程序吗？

加密解密可使用加密表直观表示：

明文	A	B	C	D	E	F	G	H	I	J	K	L	M	N	O	P	Q	R	S	T	U	V	W	X	Y	Z
密文	d	e	f	g	h	i	j	k	l	m	n	o	p	q	r	s	t	u	v	w	x	y	z	a	b	c

此时,这个移动的位数 3 被称为加密/解密的密钥(Key)k。加密和解密可以看作字母表向前或向后移动 k 位,因此凯撒密码也称为移位加密法。

移位加密法的缺点是可以通过分析每个符号出现的频率而轻易地被破译。破译的突破口是利用自然语言的统计特点,在每种语言中,都有最常用的单词和短语。例如,e 是英语中最常用的字母,其出现频率为 1/8。接下来是 t,o,a 等;最常用的两个字母组合是 th,in,er 等;最常用的三个字母组合是 the,ing 和 ion 等。通过频率、可能出现的单词和短语等猜测就能很容易地破解出明文。这个通过分析明文、密文等信息破译密码算法的过程被称为密码分析,最现代的密码分析技术也是以古老的频率分析法为根据的。

例如,若对凯撒密文进行频率分析后表明:h 出现频率最大,其次是 w 和 d,那么,密码分析者就会怀疑,每个密码字母代表着按 a,b,c 字母顺序的前三个字母。然后他会核实他的怀疑是否正确。预感与猜测无疑是密码分析的关键。

密钥 k 的所有可能值的范围被称为密钥空间。显然,上述凯撒加密方法的密钥空间为 26。密文的保密性都是基于对密钥的保密,因此密钥空间的大小决定了密码算法的安全性。

为了提高凯撒密码的安全性,我们引入乘法,称为仿射密码,如式(2-3)所示。

$$C_i = E(M_i) = aM_i + b \pmod{26} \tag{2-3}$$

其中,a 和 b 为密钥,C_i 和 M_i 分别代表第 i 位密文和明文。

你能不能回答下面的问题:

(1) 式(2-3)对应的解密公式应该是什么呢?

(2) 仿射密码的密钥空间有多大?(提示:$a^{-1} \pmod{26}$ 必须存在。)

(3) 凯撒密码、仿射密码的加解密程序应该如何实现?关键要点是什么?

(4) 你能写出一个简单的仿射密码分析的程序吗?可以有哪些分析方法?能发现下面的密文真正想要表达的意思是什么吗?密钥 a 和 b 是多少?

YUMEDQESQGUOQ

(5) 由于简单的凯撒密码非常容易被破解,我们决定将该加密法使用两次,首先以 3 为密钥将每个明文字母移位生成密文,然后用 5 为密钥再次对该密文进行移位加密。这样重复加密后是不是就能提高加密强度,增加破解难度?

上面介绍的凯撒密码和仿射密码都是古典加密法。古典密码与现代密码的分界线主要源于 1883 年 Kerchoffs 第一次明确提出了编码的原则:系统的安全性不依赖于对密文或加密算法的保密,而依赖于密钥。唯一需要保密的是密钥。

大多数古典加密法都是在计算机发明前就已经开始使用了,目前在重要的计算机应用程序中都建议不要再使用这些加密法,因为它们是不安全的,基本已经失去了独立使用的价值。但是通过对这些算法的数学本质和加密特点进行研究,可以更好地理解当前主流现代密码学的主要思想和技术。

古典密码算法主要有以下两大机制。

(1) 代替式密码:明文中的每一个字符被代替成字符表中的另一个字符,形成密文。

(2) 换位式密码:密文与明文的字符保持相同,只是变换了字符位置。

上面介绍的凯撒密码和仿射密码都是代替式密码,你能不能写出一种简单的换位式密码?给出你的算法的加密和解密公式,是否能根据公式总结出代替式密码和换位式密码的相同之处。

最后,你能分析出下面的密文所对应的明文吗?

$$EAUYOHVVRWTOOKDAYERHR$$

2.2 一次同余方程

定义 2.2 一次同余方程形如:

$$ax \equiv b \pmod{m} \tag{2-4}$$

其中,$a,b,m \in \mathbf{Z}, m>1, a \not\equiv 0 \pmod{m}$。

例 2.6 求解方程 $2x \equiv 5 \pmod 9$。

解:$x \equiv 7 \pmod 9$。

x	0	1	2	3	4	5	6	7	8
$2x \pmod 9$	0	2	4	6	8	1	3	5	7

例 2.7 求解方程 $17x \equiv 4 \pmod{19}$。

解:因为 $17 \equiv -2 \pmod{19}$,

所以 $17x \equiv -2x \equiv 4 \pmod{19}$,

所以 $x \equiv -2 \pmod{19}$。

现在考虑更通用的一元一次同余方程求解的方法。

首先,如何判断方程是否有解?由同余的概念,$ax \equiv b \pmod m$ 的求解可以转换为求解二元一次方程 $ax - my = b$。根据定理 1.7 可以容易地推出一元一次同余方程有解的条件。

定理 2.2 一次同余方程有解的条件

一次同余方程 $ax \equiv b \pmod m$ 有解的充要条件是 $(a,m) | b$。若有解,解的个数为 $d = (a,m)$,它们是 $x \equiv x_0 + mt/d \pmod m$,$t = 0, 1, \cdots, d-1$,其中 x_0 为方程的一个特解。

例 2.8 求解方程 $15x \equiv 4 \pmod{18}$。

解:因为 $(15,18) \nmid 4$,

所以此方程无解。

例 2.9 求解方程 $17x \equiv 4 \pmod{19}$。

解:因为 $19 = 17 + 2, 17 = 8 \times 2 + 1$,

所以 $17 \times 9 - 19 \times 8 = 1$,

所以 $(19,17) | 4$,

所以此方程有解,有一个解;

所以 $17 \times 9 \equiv 1 \pmod{19}$,

所以 $17 \times 36 \equiv 4 \pmod{19}$,

所以 $x \equiv 36 \equiv -2 \pmod{19}$。

例 2.10 求解方程 $123x \equiv 12 \pmod{345}$。

解：因为 $345 = 123 \times 3 - 24, 123 = 24 \times 5 + 3, 24 = 3 \times 8 + 0$,

所以 $(123, 345) = 3$；

因为 $3 | 12$,

所以此方程有解，有三个解；

因为 $3 = 123 - 24 \times 5 = 123 - (123 \times 3 - 345) \times 5 = 345 \times 5 - 123 \times 14$,

所以 $123 \times (-14) \equiv 3 \pmod{345}$,

所以 $123 \times (-14) \times 4 \equiv 12 \pmod{345}$,

所以 $x_0 \equiv -14 \times 4 \equiv -56 \pmod{345}$（特解）,

所以 $x \equiv x_0 + 345k/3 \pmod{345}$, 即 $x \equiv -56 + 115k \pmod{345}, k = 0, 1, 2$（通解）,

所以 $x \equiv 59\ 174\ 289 \pmod{345}$。

可以使用逆元得到上述方程的另一种解法。

定义 2.3 逆元

若 $m, a \in \mathbf{Z}, m \neq 0, (a, m) = 1$, 则存在唯一 $a^{-1} \in \mathbf{Z}$ 使得

$$a a^{-1} \equiv a^{-1} a \equiv 1 \pmod{m} \tag{2-5}$$

称 a^{-1} 和 a 模 m 互为逆元。

证明：（存在性）因为 $(a, m) = 1$,

所以 $\exists x, y \in \mathbf{Z}$, 使 $ax + my = 1$,

所以令 $a^{-1} = x$ 有 $a a^{-1} \equiv a^{-1} a \equiv 1 \pmod{m}$。

（唯一性）若 $\exists x, y \in \mathbf{Z}, x \not\equiv y \pmod{m}$, 均使得 $ax \equiv xa \equiv 1 \pmod{m}$ 和 $ay \equiv ya \equiv 1 \pmod{m}$ 成立，则有 $x \equiv x(ay) \equiv (xa) y \equiv y \pmod{m}$, 矛盾。

所以 a^{-1} 唯一存在。证毕。

【请你注意】

(1) a 模 m 的逆元 a^{-1} 的唯一性是在模 m 的意义下。若 x 是 a 模 m 的逆元，则 $x + km$ 均是 a 模 m 的逆元。a 模 m 的逆元通常记为 $a^{-1} \pmod{m}$。

(2) 若 $(a, m) \neq 1$, 则 $a^{-1} \pmod{m}$ 不存在。

(3) 从定理的证明中可以看出，利用扩展欧几里得算法得到最大公约数的线性表达，可以方便地求出整数 a 模 m 的逆元 $a^{-1} \pmod{m}$。

例 2.11 求 5 模 11 的逆元。

解：因为 $11 = 5 \times 2 + 1$,

所以 $5 \times 2 \equiv -1 \pmod{11}$, 即 $5 \times (-2) \equiv 1 \pmod{11}$,

所以 $5^{-1} \pmod{11} \equiv -2$。

例 2.12 求 233 模 1211 的逆元。

解：因为 $1211 = 233 \times 5 + 46 \quad 1 = (1211 - 233 \times 5) \times 76 - 233 \times 15 = 1211 \times 76 - 233 \times 395$,

$233 = 46 \times 5 + 3 \quad 1 = 46 - (233 - 46 \times 5) \times 15 = 46 \times 76 - 233 \times 15$,

$46 = 3 \times 15 + 1 \quad 1 = 46 - 3 \times 15$,

所以 $233^{-1} \pmod{1211} \equiv -395$。

例 2.13 求解方程 $17x \equiv 4 \pmod{19}$。

解：因为 $19 = 17 + 2, 17 = 8 \times 2 + 1$,

所以 $17\times 9-19\times 8=1$,

因为 $(19,17)|4$,

所以此方程有解,

所以 $17^{-1}(\bmod\ 19)\equiv 9$,

所以 $x\equiv 4\times 9=36\equiv -2\ (\bmod\ 19)$。

例 2.14 求解方程 $312x\equiv 345(\bmod\ 753)$。

解：$753=312\times 2+129, 312=129\times 2+54, 129=54\times 2+21, 54=21\times 3-9, 21=9\times 2+3$,

所以 $(753,312)=3|345$,

所以此方程有解,解数为 3。

因为 $3=21-9\times 2, 3=21-(21\times 3-54)\times 2=54\times 2-21\times 5$,

$3=54\times 2-(129-54\times 2)\times 5=54\times 12-129\times 5$,

$3=(312-129\times 2)\times 12-129\times 5=312\times 12-129\times 29$,

$3=312\times 12-(753-312\times 2)\times 29=312\times 70-753\times 29$,

(法一)所以 $312\times 70\ (\bmod\ 753)\equiv 3$,

所以 $x_0\equiv 345/3\times 70\equiv 8050\equiv 520\ (\bmod\ 753)$

所以 $x\equiv 520+753k/3\equiv 520+251k\ (\bmod\ 753)\quad k=0,1,2$。

(法二)方程可化简为 $104x\equiv 115(\bmod\ 251)$,

因为 $1=104\times 70-251\times 29$,

所以 $104^{-1}(\bmod\ 251)\equiv 70$,

所以 $x\equiv 115\times 70\equiv 8050\equiv 18\ (\bmod\ 251)$。

【思考】

例 2.14 用两种方法得出两个看起来不同的解,是计算出错了还是它们其实是相同的解？

$x\equiv 520+251k\ (\bmod\ 753), k=0,1,2$ 和 $x\equiv 18\ (\bmod\ 251)$

2.3 剩余类与剩余系

同余是一种等价关系,因此可以借助同余关系实现对整数集合的划分,形成剩余类。

定义 2.4 剩余类

设 $m\in \mathbf{Z}^+, \forall a\in \mathbf{Z}$,令 $C_a=\{x|x\equiv a\ (\bmod\ m)\}$,则称 C_a 为模 m 的一个**剩余类**,记作 $a\ (\bmod\ m)$。C_a 中的任一个数叫作 C_a 的代表元($\bar{a}$)。

【请你注意】

(1) 剩余类是一个集合,如 $1\ (\bmod\ 4)=\{\cdots,-11,-7,-3,1,5,9,\cdots\}$,可以用集合中的任一个元素代表该剩余类,因此 $-11\ (\bmod\ 4)=1\ (\bmod\ 4)=5\ (\bmod\ 4)$,但通常使用最小正整数或绝对值最小的整数来代表这个剩余类。

(2) 显然,C_a 是一个非空集合,因为一定有 $a\in C_a$。

(3) 任一个整数一定属于模 m 的某一个剩余类。

(4) 对于模 m 的两个剩余类 C_a 和 C_b,要么 $C_a=C_b$,要么 $C_a\cap C_b=\varnothing$。

(5) **模 m 的两两不同的剩余类有 m 个。**

(6) 同余方程的解就是一个或几个剩余类。

例 2.15 请将剩余类 18 (mod 251)写成模 753 的剩余类。

解：因为 $753 = 251 \times 3$，

所以 18 (mod 251) $\equiv$ 18 + 251k (mod 753) $k = 0, 1, 2$，

即 18 (mod 251) $\equiv$ 18 269 520 (mod 753)。

定义 2.5 剩余系

设 $m \in \mathbf{Z}^+$，若 $r_0, r_1, \cdots, r_{m-1}$ 为 m 个整数，并且两两模 m 不同余，则 $r_0, r_1, \cdots, r_{m-1}$ 叫作模 m 的一个**完全剩余系**。一个完全剩余系中，与 m 互质的整数的个数叫作**欧拉函数**，记作 $\varphi(m)$。这 $\varphi(m)$ 个与 m 互质的整数组成模 m 的一个**简化剩余系**。

【你应该知道的】

完全剩余系简称完系，简化剩余系又称紧缩剩余系或既约剩余系，简称缩系。

例 2.16 写出模 9 的完系。

解：0, 1, 2, 3, 4, 5, 6, 7, 8 是模 9 的一个完系；

1, 2, 3, 4, 5, 6, 7, 8, 9 是模 9 的一个完系；

$-4, -3, -2, -1, 0, 1, 2, 3, 4$ 是模 9 的一个完系；

$-8, -7, -6, -5, -4, -3, -2, -1, 0$ 是模 9 的一个完系；

1, 3, 5, 7, 9, 11, 13, 15, 17 是模 9 的一个奇数完系；

0, 2, 4, 6, 8, 10, 12, 14, 16 是模 9 的一个偶数完系；

……

例 2.17 写出模 9 的缩系。

解：1, 2, 4, 5, 7, 8 是模 9 的一个缩系。

$-1, -2, -4, 1, 2, 4$ 是模 9 的一个缩系。

1, 5, 7, 11, 13, 17 是模 9 的一个奇数缩系。

2, 4, 8, 10, 14, 16 是模 9 的一个偶数缩系。

模 9 的一个缩系有 6 个整数，因此，模 9 的欧拉函数 $\varphi(9) = 6$。

【思考】

你能不能类似地写出模 10 的一个偶（奇）数的完（缩）系？

例 2.18 求证：$r_0, r_1, \cdots, r_{m-1}$ 为模 m 的一个完系，则

$$\sum_{i=0}^{m-1} r_i = \begin{cases} 0 \pmod{m} & m = 2k+1 \\ m/2 \pmod{m} & m = 2k \end{cases} \quad k \in \mathbf{Z}^+$$

证明：因为 $\sum_{i=0}^{m-1} r_i \equiv 1 + 2 + \cdots + m \equiv m(m+1)/2 \pmod{m}$，

所以若 $m = 2k+1$，则 $\sum_{i=0}^{m-1} r_i \equiv m(k+1) \equiv 0 \pmod{m}$ $k \in \mathbf{Z}^+$，

若 $m = 2k$，则 $\sum_{i=0}^{m-1} r_i \equiv k(m+1) \equiv k \equiv m/2 \pmod{m}$ $k \in \mathbf{Z}^+$，证毕。

例 2.19 设 $m \in \mathbf{Z}, m > 2$，证明：模 m 的最小正简化剩余系的各数之和等于 $m\varphi(m)/2$。

证明：因为 $m, a \in \mathbf{Z}^+, m > 2$，则 $(m, a) = 1 \Leftrightarrow (m, m-a) = 1$

所以设 $a_i \in [1, m/2), (m, a_i) = 1$，则 $m - a_i \in (m/2, m-1], (m, m-a_i) = 1$

所以 a_i 和 $m-a_i$ 组成模 m 的最小正简化剩余系,共 $\varphi(m)/2$ 对,和为 $m\varphi(m)/2$。
证毕。

【你应该知道的】

当 $m\in \mathbf{Z}^+,m>2$ 时,$\varphi(m)\equiv 0\ (\bmod\ 2)$,即 $\varphi(m)$ 是偶数。

定理 2.3 设 $\forall m\in \mathbf{Z}^+,m\geqslant 2,n\in \mathbf{Z},(m,n)=1$,

(1) $\forall a\in \mathbf{Z}$,x 遍历模 m 的一个完系,则 $nx+a$ 也遍历模 m 的一个完系;

(2) x 遍历模 m 的一个缩系,则 nx 也遍历模 m 的一个缩系。

证明:(1) 因为 x 遍历 m 的一个完系,则 x 有 m 个模 m 两两不同余的整数,

所以只需证明 $nx+a$ 这 m 个整数模 m 两两不同余,

所以不妨设 $\exists x_1,x_2\in \mathbf{Z}$,满足 $nx_1+a\equiv nx_2+a\ (\bmod\ m)$,

所以 $n(x_1-x_2)\equiv 0\ (\bmod\ m)$,

因为 $(m,n)=1$,所以 $x_1-x_2\equiv 0\ (\bmod\ m)$,即 $x_1\equiv x_2\ (\bmod\ m)$,

所以只要 x_1,x_2 模 m 不同余,nx_1+a,nx_2+a 模 m 也不同余,

所以 x 遍历模 m 的一个完系,$nx+a$ 也遍历模 m 的一个完系。证毕。

(2) 因为 x 遍历 m 的一个缩系,

所以 x 有 $\varphi(m)$ 个模 m 两两不同余的整数,且 $(m,x)=1$,

因为 $(m,n)=1$,所以 $(m,nx)=1$,

所以 nx 属于模 m 的缩系,则只需证明这 $\varphi(m)$ 个整数模 m 两两不同余,

所以不妨设 $\exists x_1,x_2\in \mathbf{Z}$,满足 $nx_1\equiv nx_2(\bmod\ m)\Rightarrow n(x_1-x_2)\equiv 0\ (\bmod\ m)$

因为 $(m,n)=1$,所以 $x_1-x_2\equiv 0\ (\bmod\ m)$ 即 $x_1\equiv x_2(\bmod\ m)$

所以只要 x_1,x_2 模 m 不同余,nx_1,nx_2 模 m 也不同余,

所以 x 遍历模 m 的一个缩系,nx 也遍历模 m 的一个缩系。证毕。

例 2.20 请计算 $2^6(\bmod\ 7)$。

解:(法一)$2^6(\bmod\ 7)\equiv 8^2\equiv 1^2\equiv 1(\bmod\ 7)$。

(法二)因为 $(2,7)=1$,所以 x 遍历模 7 的一个缩系,则 $2x$ 也遍历。

即:$2\times 1\equiv 2,2\times 2\equiv 4,2\times 3\equiv 6,2\times 4\equiv 1,2\times 5\equiv 3,2\times 6\equiv 5\ (\bmod\ 7)$,

将同余式左右对应相乘得到:

$(2\times 1)\times(2\times 2)\times(2\times 3)\times(2\times 4)\times(2\times 5)\times(2\times 6)\equiv 2\times 4\times 6\times 1\times 3\times 5\ (\bmod\ 7)$,

即 $2^6\times 6!\equiv 6!\ (\bmod\ 7)$,

因为 $(6!,7)=1$,

所以 $2^6\equiv 1(\bmod\ 7)$。

【请你注意】

例 2.20 的法二是证明欧拉定理成立的重要思路,在 2.4 节中将详细分析。

定理 2.4 设 $\forall m_1,m_2\in \mathbf{Z}^+,m\geqslant 2,(m_1,m_2)=1$:

(1) x_1,x_2 分别遍历模 m_1,m_2 的完系,则 $m_1x_2+m_2x_1$ 遍历模 m_1m_2 的完系;

(2) x_1,x_2 分别遍历模 m_1,m_2 的缩系,则 $m_1x_2+m_2x_1$ 遍历模 m_1m_2 的缩系。

证明:(1) 因为 x_1,x_2 分别遍历模 m_1,m_2 的完系,所以 $m_1x_2+m_2x_1$ 有 m_1m_2 个整数,

所以不妨设 $\exists x_1,x_2,y_1,y_2\in \mathbf{Z}$,满足:$m_1x_2+m_2x_1\equiv m_1y_2+m_2y_1\ (\bmod\ m_1m_2)$,

所以 $m_1x_2+m_2x_1\equiv m_1y_2+m_2y_1(\bmod\ m_1)$,

所以 $m_2x_1\equiv m_2y_1(\bmod\ m_1)$,

因为$(m_1,m_2)=1$,

所以$x_1\equiv y_1\pmod{m_1}$,

同理,$x_2\equiv y_2\pmod{m_2}$,即只有：当$x_1\equiv y_1\pmod{m_1}$且$x_2\equiv y_2\pmod{m_2}$时,
$$m_1x_2+m_2x_1\equiv m_1y_2+m_2y_1\pmod{m_1m_2}$$

因此定理成立。

(2) 首先证明若$(x_1,m_1)=1$,$(x_2,m_2)=1$,则$(m_1x_2+m_2x_1,m_1m_2)=1$,

因为$(m_1,m_2)=1$,

所以$(m_1x_2+m_2x_1,m_1)=(m_2x_1,m_1)=(x_1,m_1)=1$,

$(m_1x_2+m_2x_1,m_2)=(m_1x_2,m_2)=(x_2,m_2)=1$,

所以$(m_1x_2+m_2x_1,m_1m_2)=1$,

接着证明模m_1m_2的任意简化剩余均可以表示为$m_1x_2+m_2x_1$,

因为模m_1m_2的任意剩余均可以表示为$m_1x_2+m_2x_1$,

当$(m_1x_2+m_2x_1,m_1m_2)=1$时,

$(x_1,m_1)=(m_2x_1,m_1)=(m_1x_2+m_2x_1,m_1)=1$,

同理,$(x_2,m_2)=1$。因此定理成立。

例2.21 请写出模264的简化剩余系。

解：因为$264=2^3\times 3\times 11$,所以模8的缩系为1,3,5,7；模3的缩系为1,2；模11的缩系为$1,2,3,\cdots,9,10$；

所以模24的简化剩余系为$3a+8b$,其中$a=1,3,5,7$；$b=1,2$；共8个整数；

所以模264的简化剩余系为$11\times(3a+8b)+24\times c$,其中$c=1,2,3,\cdots,9,10$；

即模264的简化剩余系有80个整数,分别为：

1,5,7,13,17,19,23,25,29,31,35,37,

41,43,47,49,53,59,61,65,67,71,73,79,

83,85,89,91,95,97,101,103,107,109,113,115,

119,125,127,131,133,137,139,145,149,151,155,157,

161,163,167,169,173,175,179,181,185,191,193,197,

199,203,205,211,215,217,221,223,227,229,233,235,

239,241,245,247,251,257,259,263。

可以看出：当p为素数时,$\varphi(p)=p-1$；若q也为素数,$m=pq$时,$\varphi(m)=\varphi(pq)=\varphi(p)\varphi(q)=(p-1)(q-1)$。

推论2.1 $\forall m,n\in\mathbf{Z}$,若$(m,n)=1$,则$\varphi(mn)=\varphi(m)\varphi(n)$。

例2.22 请计算$\varphi(77)$。

解：$\varphi(77)=\varphi(7)\varphi(11)=6\times 10=60$。

例2.23 请计算$\varphi(105)$。

解：$\varphi(105)=\varphi(3)\varphi(5)\varphi(7)=2\times 4\times 6=48$。

【思考】

$\varphi(100)=\varphi(4)\varphi(25)=?$

解决问题的关键在于计算$\varphi(p^n)$（p为素数,n为正整数）。当$m=p^n$时,它的缩系元素是什么呢？在一个完系$0,1,\cdots,m-1$这m个整数中,若x为非缩系元素,则$p\mid(m,x)$,即

$x = kp, k \in \mathbf{Z}, 0 \leqslant k \leqslant p^{n-1}-1$，一共有 p^{n-1} 个整数。因此，$\boldsymbol{\varphi(p^n) = p^n - p^{n-1}}$，如 $\varphi(4) = 2^2 - 2 = 2$。因此，$\varphi(100) = \varphi(4)\varphi(25) = (2^2-2) \times (5^2-5) = 40$。

定理 2.5 计算欧拉函数

设 $n \in \mathbf{Z}^+, n \geqslant 2, n$ 有整数标准分解式 $n = \prod_{k=1}^{s} p_k^{\alpha_k}$，则：

$$\varphi(n) = \prod_{k=1}^{s}(p_k^{\alpha_k} - p_k^{\alpha_k-1}) = n\prod_{k=1}^{s}\left(1 - \frac{1}{p_k}\right) \tag{2-6}$$

其中，p_k 是两两不同的素数，$\alpha_k \in \mathbf{Z}^+ (1 \leqslant k \leqslant s, s \in \mathbf{Z}^+)$。

例 2.24 请计算 $\varphi(264)$。

解：$\varphi(264) = \varphi(2^3 \times 3 \times 11) = \varphi(2^3) \times \varphi(3) \times \varphi(11) = (8-4) \times (3-1) \times (11-1) = 4 \times 2 \times 10 = 80$。

【不妨一试】

如同计算最大公约数，计算欧拉函数也是解方程的一个很重要的步骤，你能根据定理 2.5 的公式，设计一个求任意整数的欧拉函数的程序吗？

【进一步的知识】 完系的分类

我们已经学习过各种将整数进行分类的方法，如按照模 2 的余数将整数分为奇数和偶数；按照是否除了 1 和自身外还有其他因子将整数分为素数、合数和 1；按照模 m 的余数将整数分为不同剩余类，用代表元表示每一剩余类组成模 m 的完系。那么能不能将完系进行进一步细分？

下面按照 $(x, 24)$ 将模 24 的完系细分，设 $x \in [0, 23]$。

因为 $(x, 24) | 24$，所以 $(x, 24)$ 可能取值有 8 个：1、2、3、4、6、8、12、24，

(1) 若 $(x, 24) = 1$，则 $x = 1, 5, 7, 11, 13, 17, 19, 23$，一共 $\varphi(24) = \varphi(3) \times \varphi(8) = 2 \times (8-4) = 8$ 个；

(2) 若 $(x, 24) = 2$，即 $(x/2, 12) = 1$，则 $x = 2, 10, 14, 22$，一共 $\varphi(12) = \varphi(3) \times \varphi(4) = 2 \times 2 = 4$ 个；

(3) 若 $(x, 24) = 3$，即 $(x/3, 8) = 1$，则 $x = 3, 9, 15, 21$，一共 $\varphi(8) = 8 - 4 = 4$ 个；

(4) 若 $(x, 24) = 4$，即 $(x/4, 6) = 1$，则 $x = 4, 20$，一共 $\varphi(6) = \varphi(2) \times \varphi(3) = 1 \times 2 = 2$ 个；

(5) 若 $(x, 24) = 6$，即 $(x/6, 4) = 1$，则 $x = 6, 18$，一共 $\varphi(4) = 4 - 2 = 2$ 个；

(6) 若 $(x, 24) = 8$，即 $(x/8, 3) = 1$，则 $x = 8, 16$，一共 $\varphi(3) = 2$ 个；

(7) 若 $(x, 24) = 12$，即 $(x/12, 2) = 1$，则 $x = 12$，一共 $\varphi(2) = 1$ 个；

(8) 若 $(x, 24) = 24$，即 $(x/24, 1) = 1$，则 $x = 24$，一共 $\varphi(1) = 1$ 个。

可以推出进一步的结论：

(1) $(x, 24) = k$ 时的 x 取值有 $\varphi(24/k)$ 个，其中，$k | 24$；

(2) $\forall n \in \mathbf{Z}^+, \sum_{d | n, d > 0} \varphi(d) = n, \varphi(1) = 1$。

定理 2.6 Wilson(威尔逊)定理

$$\text{设 } p \text{ 为素数，则 } (p-1)! \equiv -1 \pmod{p} \tag{2-7}$$

证明：(1) 若 $p = 2$，结论显然成立；

(2) 若 $p > 2, p$ 为素数，则 $\forall a, p-1 \geqslant a \geqslant 1$，都有 $(a, p) = 1$，则存在唯一整数 a^{-1}，$p-1 \geqslant a^{-1} \geqslant 1$，使得：$a a^{-1} \equiv 1 \pmod{p}$。

因为 $a \equiv a^{-1} \Leftrightarrow a^2 \equiv a \, a^{-1} \equiv 1 \pmod{p} \Leftrightarrow a=1$ 或 $a=p-1$,
即在 $[1,p-1]$ 这 $p-1$ 个数中,1 与 $p-1$ 的逆元是自身,其余数字两两互逆,
所以 $(p-1)! \equiv 1 \times (p-1) \times \prod (a \, a^{-1}) \equiv 1 \times (p-1) \equiv -1 \pmod{p}$。证毕。

推论 2.2 p 为素数 $\Leftrightarrow p \in \mathbf{Z}^+, p \geq 2, (p-1)! \equiv -1 \pmod{p}$

证明:($\Rightarrow$):根据 Wilson 定理,显然成立;

($\Leftarrow$):(反证法)若 p 为合数,则设 $p=ab, a,b \in \mathbf{Z}, a,b \geq 2$,

则 $(p-1)! \equiv (ab-1)! \equiv -1 \pmod{ab}$,

则 $(ab-1)! \equiv -1 \pmod{a}$,

因为 $a < ab-1$,所以 $a | (ab-1)!$,所以 $(ab-1)! \equiv 0 \pmod{a}$,矛盾,

所以 $(p-1)! \equiv -1 \pmod{p}$ 成立时 p 一定为素数。证毕。

例 2.25 请计算 $1^2 \times 3^2 \times 5^2 \times 7^2 \times 9^2 \pmod{11}$。

解:原式 $\equiv 1 \times (-10) \times 3 \times (-8) \times 5 \times (-6) \times 7 \times (-4) \times 9 \times (-2) \equiv (-1)^5 \times 10! \equiv (-1) \times (-1) \equiv 1 \pmod{11}$。

推论 2.3 设 p 为奇素数,则 $1^2 \times 3^2 \times \cdots \times (p-2)^2 \pmod{p} \equiv -1^{(p+1)/2}$。

例 2.26 请计算 $5! \times 5! \pmod{11}$。

解:原式 $\equiv 1 \times 2 \times 3 \times 4 \times 5 \times (-6) \times (-7) \times (-8) \times (-9) \times (-10) \equiv (-1)^5 \times 10! \equiv (-1) \times (-1) \equiv 1 \pmod{11}$。

推论 2.4 设 p 为奇素数,且 $p \equiv 1 \pmod{4}$,则 $([(p-1)/2]!)^2 \equiv 1 \pmod{p}$。

这是解一元二次同余方程的重要定理。若 $p \equiv 3 \pmod{4}$ 呢?

2.4 欧拉定理与费马小定理

定理 2.7 欧拉(Euler)定理

设 $m \in \mathbf{Z}^+, m \geq 2$,则 $\forall a \in \mathbf{Z}, (m,a)=1$,有 $a^{\varphi(m)} \equiv 1 \pmod{m}$。

证明:设 $b_0, b_1, \cdots, b_{\varphi(m)-1}$ 是模 m 的一个缩系,$a \in \mathbf{Z}, (m,a)=1$,根据定理 2.3,$ab_0, ab_1, \cdots, ab_{\varphi(m)-1}$ 也是模 m 的一个缩系,

所以 $ab_0 \times ab_1 \times \cdots \times ab_{\varphi(m)-1} \equiv b_0 \times b_1 \times \cdots \times b_{\varphi(m)-1} \pmod{m}$,

即:$a^{\varphi(m)} \times b_0 \times b_1 \times \cdots \times b_{\varphi(m)-1} \equiv b_0 \times b_1 \times \cdots \times b_{\varphi(m)-1} \pmod{m}$,

因为 $(b_0 \times b_1 \times \cdots \times b_{\varphi(m)-1}, m) = 1$,所以 $a^{\varphi(m)} \equiv 1 \pmod{m}$。证毕。

【请你注意】

幂指数 $6(\varphi(7)=6)$ 并不是使 $2^x \equiv 1 \pmod{7}$ 成立的最小正整数,这是因为 $2^3 \equiv 1 \pmod{7}$。

定理 2.8 费马(Fermat)小定理

设 p 是素数,则 $\forall a \in \mathbf{Z}$ 有:$a^p \equiv a \pmod{p}$。

证明:(1) 若 $(a,p)=1$,则根据定理 2.7(欧拉定理):$a^{p-1} \equiv a^{\varphi(p)} \equiv 1 \pmod{p}$,

所以 $a^p \equiv a \pmod{p}$;

(2) 若 $(a,p)=p$,因为 $a \equiv 0 \pmod{p}$,所以 $a^p \equiv a \equiv 0 \pmod{p}$;

定理成立。证毕。

【你应该知道的】

费马小定理是概率性素性测试的基石。

例 2.27 请计算 $3^{1\,000\,000} \pmod{47}$。

解：因为 $\varphi(47)=46, 1\,000\,000 \pmod{46} \equiv 6$，

所以 $3^{1\,000\,000} \pmod{47} \equiv 3^6 \equiv 81 \times 9 \equiv -13 \times 9 \equiv -117 \equiv 24 \pmod{47}$。

例 2.28 请化简 $115x^{15}+278x^3+12 \pmod 7$。

解：原式 $\equiv 3x^{15}-2x^3-2 \equiv 3x^3-2x^3-2 \equiv x^3-2 \pmod 7$。

例 2.29 求证：$3n^5+5n^3+7n \equiv 0 \pmod{15}$。

证明：因为 $3n^5 \equiv 0, 5n^3 \equiv 2n, 7n \equiv n \pmod 3$，所以 $3n^5+5n^3+7n \equiv 3n \equiv 0 \pmod 3$；

因为 $3n^5 \equiv 3n, 5n^3 \equiv 0, 7n \equiv 2n \pmod 5$，所以 $3n^5+5n^3+7n \equiv 5n \equiv 0 \pmod 5$；

所以 $3n^5+5n^3+7n \equiv 0 \pmod{15}$。证毕。

例 2.30 求证：$97^{104}-1$ 能被 105 整除。

证明：即需要证 $97^{104} \equiv 1 \pmod{105}$，

（法一）因为 $(97,105)=1$，又因为 $105=3\times 5 \times 7$，所以 $\varphi(105)=2\times 4 \times 6=48$，

所以 $97^{104} \equiv 97^{48 \times 2+8} \equiv 97^8 \equiv (-8)^8 \equiv 128^3 \times 8 \equiv 4 \times 79 \equiv 316 \equiv 1 \pmod{105}$。

（法二）设 $x \equiv 97^{104} \pmod{105}$，因为 $105=3 \times 5 \times 7$，

所以 $x \equiv 97^{104} \pmod 3, x \equiv 97^{104} \pmod 5, x \equiv 97^{104} \pmod 7$，

所以 $x \equiv 1^{104} \equiv 1 \pmod 3, x \equiv 2^0 \equiv 1 \pmod 5, x \equiv (-1)^{104} \equiv 1 \pmod 7$，

所以 $x \equiv 1 \pmod{105}$。

【思考】

设 $a \in \mathbf{Z}, a^7 \equiv a \pmod{63}$ 成立吗？

推论 2.5 设 $m \in \mathbf{Z}^+, m \geq 2, a \in \mathbf{Z}, (m,a)=1$，则 $ax \equiv b \pmod m$ 的解为：
$$x \equiv ba^{\varphi(m)-1} \pmod m \tag{2-8}$$

例 2.31 求解 $7x \equiv 13 \pmod{19}$。

解：因为 $(7,19)=1$，所以方程有解，因为 $\varphi(19)=18$，所以 $x \equiv 13 \times 7^{18-1} \equiv 13 \times 7^{17} \pmod{19}$，

因为 $7^2 \equiv -8 \pmod{19}, 8^2 \equiv 7 \pmod{19}$，

所以 $x \equiv 13 \times 7 \times 8^8 \equiv 13 \times 7^5 \equiv 13 \times 7 \times 8^2 \equiv 13 \times 7^2 \equiv (-6) \times (-8) \equiv 48 \equiv 10 \pmod{19}$。

当然，可以直接使用模重复平方法计算出 $7^{17} \pmod{19}$：因为 $17=10\,001_2$，

所以 $x \equiv 13 \times 7 \equiv 13 \times (((7^2)^2)^2)^2 \times 7 \equiv 13 \times (((-8)^2)^2)^2 \times 7$

$\equiv 13 \times ((7)^2)^2 \times 7 \equiv 13 \times (-8)^2 \times 7$

$\equiv 13 \times 7 \times 7 \equiv 13 \times (-8) \equiv -104 \equiv 10 \pmod{19}$。

【你应该知道的】 RSA 公钥密码机制

欧拉定理和费马小定理在密码学领域最典型、最重要的应用就是 RSA 公钥加密算法。

在前面介绍的密码算法（如凯撒密码）中，只有一个密钥 k（如移位位数的 $k=3$），这个密钥既用于加密，也用于解密。加密和解密使用同一种算法，加密密钥和解密密钥相同的密码技术称为"对称加密技术"。

这看起来是符合人们日常行为习惯的，但问题是这种方式有一个最大的弱点：发送方 A 必须把密钥 k 告诉接收方 B，否则接收方 B 无法解密。

由于 A 和 B 使用同一个密钥 k，因此双方首先要就使用的密钥达成一致，也就是说在加密前首先要传递密钥，而此时加密过程还没有开始，是不能够对密钥进行加密的，如果密钥被恶意第三方截获就会造成后面的加密数据的泄密。因此，如何产生满足保密要求的密钥，

如何安全、可靠地传递密钥是一个复杂的问题。

同时，如果一个用户要与其他 N 个用户进行加密通信，每一个用户对应一把密钥，那么他就需要维护 N 把密钥。当网络中有 N 个用户需要相互进行加密通信时，则至少需要 $N \times (N-1)$ 个密钥才能保证任意双方之间能够进行通信。

密钥管理涉及密钥的产生、分配、存储和销毁，无论加密系统多么强大，如果攻击者能够窃取密钥，系统就没有价值了。如果设计了一个很好的加密算法，但是密钥管理问题处理不好，那么这样的系统同样是不安全的。

1976 年，两位美国斯坦福大学的研究人员 Whitfield Diffie 和 Martin Hellman 提出了一种崭新构思，可以在不直接传递加密密钥的情况下，完成解密，被称为"Diffie-Hellman 密钥交换算法"。这个算法启发了其他科学家，让他们认识到，加密和解密可以使用不同的密钥，只要他们存在计算上的对应关系即可。这样，就可以将加密密钥公开，每把加密密钥都存在对应的解密密钥，但通过加密密钥推导出解密密钥在计算上是不可行的，这就避免了密钥的保存和传递问题。这种新的加密模式被称为"非对称加密技术"，又称为"公钥密码技术"，其模式如下。

(1) A 产生两把密钥（公钥和私钥）。公钥是公开的（放在一个公开可读的文件中，任何人都可以获得），私钥则是保密的。

(2) A 获取 B 的公钥，使用其公钥进行加密，将加密后的结果发送给 B。

(3) B 收到加密后的信息，用自己的私钥解密。

除了 B，任何人都不会知道其私钥，所以都不能对发给 B 的密文进行解密，因此 A 和 B 之间可以进行安全通信。

另一方面，网络中 N 个用户之间进行加密通信时，系统只需维护 N 个公开密钥，每人维护自己的私钥，从而可以大大减少密钥的维护成本。密钥对的生成一般是使用一个密钥分发中心统一进行分配和管理。

1977 年，三位数学家 Rivest、Shamir 和 Adleman 设计了一种算法，可以实现非对称加密。这种算法用他们三个人的名字命名，叫作 RSA 算法。到目前为止，RSA 算法一直是最广为使用的"非对称加密算法"之一。毫不夸张地说，只要有计算机网络的地方，就有 RSA 算法。它被认为是目前为止理论上最为成熟的一种公钥密码体制，其安全性依赖于大整数的因子分解难题：**寻找一个大素数是相对容易的，但是将两个大素数的乘积分解成原来的两个素数是极其困难的**。但是，并没有从理论证明破译 RSA 的难度与大整数因子分解难度等价。

RSA 密码机制如下。

(1) 选择两个大素数 p 和 q，计算 $n = p \times q$，则 $\varphi(n) = (p-1) \times (q-1)$；

(2) 随机选择整数 e，使 $0 < e < \varphi(n)$，$(\varphi(n), e) = 1$，计算 d，使 $d \equiv e^{-1} \pmod{\varphi(n)}$；

(3) 发布 (e, n) 作为公钥；(d, n) 是私钥，保密；销毁 p 和 q；

(4) 加密变换函数：$c \equiv E(m) \equiv m^e \pmod{n}$；

(5) 解密变换函数：$m \equiv D(c) \equiv c^d \pmod{n}$。

其中，用 m 表示明文，用 c 表示密文（$1 < m, c < n$）。

可以应用欧拉定理证明上述算法的正确性，证明密文解密后能正确还原出明文，即要证明(1)~(4)都满足的条件下，(5)成立。

证明：因为 $c \equiv m^e \pmod{n}$，所以 $c^d \equiv m^{ed} \pmod{n}$，因为 $1 < m, c < n$，
所以(1) 当 $(m,n) = 1$ 时，因为 $de \equiv 1 \pmod{\varphi(n)}$，
所以根据欧拉定理，$c^d \equiv m^{ed} \equiv m^{ed \pmod{\varphi(m)}} \equiv m \pmod{n}$；

(2) 当 $(m,n) \neq 1$ 时，因为 $n = p \times q$，所以 $(m,n) = p$ 或 $(m,n) = q$，
不妨设 $(m,n) = p$，即 $m \equiv 0 \pmod{p}$，此时 $(m,q) = 1$，
因为 $de \equiv 1 \pmod{\varphi(n)}$，所以 $de \equiv 1 \pmod{(p-1)(q-1)}$，
所以 $de \equiv 1 \pmod{(p-1)}$，$de = 1 + k(p-1) = kp + 1 - k$，
所以根据费马小定理，$c^d \equiv m^{ed} \equiv m^{kp} \times m^{1-k} \equiv m^{k+1-k} \equiv m \pmod{p}$，
所以 $de \equiv 1 \pmod{(q-1)}$，所以 $de \equiv 1 \pmod{\varphi(q)}$，
所以根据欧拉定理，$c^d \equiv m^{ed} \pmod{q} \equiv m \pmod{q}$，
所以 $c^d \equiv m \pmod{n}$；证毕。

【请你注意】

在实际加密中，常假设 $(m,n) = 1$，否则，很容易计算出 q 和 p 的值，从而实现密码破解。
容易发现，当 $n = pq$，q 和 p 为素数时，m 和 n 不互素的概率为 $(p+q)/n = (p+q)/pq = 1/p + 1/q$。要实现此概率最大化，在 n 的位数一定（如 1024b）的前提下，p 和 q 应取接近的质数。

另一方面，p 和 q 的差必须足够大，否则如果 p 和 q 非常接近，分解 n 会变得容易。如 $n = 245\,009$，根据公式 $\left(\dfrac{p+q}{2}\right)^2 - \left(\dfrac{p-q}{2}\right)^2 = \dfrac{pq}{2} + \dfrac{pq}{2} = pq = n$ 有：

$\sqrt{n+1^2} = 494.9848$，$\sqrt{n+2^2} = 494.9879$，$\sqrt{n+3^2} = 494.9929$，$\sqrt{n+4^2} = 495$，

因此，$\begin{cases} \dfrac{p+q}{2} = 495 \\ \dfrac{p-q}{2} = 4 \end{cases}$，即 $p = 499, q = 491$。

显然，$|p-q|$ 越大，使用上述方法进行整数 n 分解越困难。

例 2.32 请用 RSA 密码算法加密字母 A 并解密。取 $p = 23, q = 47, e = 3$。

解：(1) 因为 $n = p \times q = 23 \times 47 = 1081$，所以 $\varphi(n) = (p-1) \times (q-1) = 1012$，
因为 $1012 = 3 \times 337 + 1$，所以 $d = -337 \equiv 675 \pmod{1012}$，
所以公钥 $(3, 1081)$，私钥 $(675, 1081)$。

(2) 因为 A 的 ASCII 码为 65，所以 $m = 65$，
所以加密：$c \equiv 65^3 \pmod{1081} \equiv 51$，即 "A" 加密变成 "3"。

(3) 解密：$m \equiv 51^{675} \pmod{1081}$

（法一）：利用模重复平方法 $m \equiv 65 \pmod{1081}$。

（法二）：$m \equiv 51^{675} \pmod{23} \equiv (46+5)^{22 \times 30 + 15} \equiv 5^{15} \equiv 5 \times 2^{57} \equiv 5 \times 2^7 \equiv -4$，

$m \equiv 51^{675} \pmod{47} \equiv (47+4)^{46 \times 14 + 31} \equiv 2^{62} \equiv 2^{16} \equiv 21^2 \equiv 18$，

所以 $m = 23s - 4 = 47t + 18$，即 $23s - 47t = 22$，解得：

$s = -44 + 47k, t = -22 - 23k$，代入得：

$m = -1012 + 1081k - 4 = -1016 + 1081k$

因为 $1 < m < 1081$，所以取 $k = 1$，得 $m = 65$，即 "3" 解密变成 "A"。

实际上法二的求解可以利用 2.5 节中的孙子定理实现。

【不妨一试】

你能设计实现一个能进行 RSA 加密解密的程序吗？在程序实现中请注意：

(1) 如何生成两个比较接近、差又足够大的质数 p 和 q 呢？

(2) 如何选择随机整数 e？如何计算 d？

(3) 如何计算 $a^b (\mod n)$ 实现加密和解密？

(4) 大多数的编译器只能支持到 64 位的整数运算，在你的程序中，如何实现大整数的运算？

【进一步的知识】

在网络通信中，数据加密可以防止信息在传输过程中被截获而泄密，但在收发双方不能够完全信任的情况下，如何防止通信中的某一方或双方矢口否认实际已经发生过的通信呢？如股票交易中，客户给股票经理发送一个"购买 X 元 Y 股票"的消息，但过了一段时间后，该股票下跌，客户可能声称没有发送过该信息，甚至发送的是卖出的命令。这种争执通常需要使用数字签名解决，数字签名技术还可以实现身份认证。

在日常生活中，法律、财务与其他文件的真实性和可靠性，可以通过亲笔签名的存在与否来确定，复印件是无效的，对签名的伪造和涂改一般很容易被发现，即使伪装得比较好，通常也会被笔记、纸张和墨水专家鉴定出来。

对于电子文件，也需要电子化的签名来实现类似于手写签名的功能：它必须能够验证签名者和签名时间，能够验证被签名的消息内容，能够由第三方仲裁以解决争执。因此数字签名应该满足下列条件。

(1) 签名必须是与消息相关的二进制位串。

(2) 签名必须使用发送方所独有的某些信息，以防止伪造和不正确的否认。

(3) 产生签名比较容易，识别和验证签名比较容易。

(4) 伪造签名在计算上不可行。无论是从给定的数字签名伪造发送的消息，还是从给定的消息伪造出相应的数字签名，在计算上都不可行。

(5) 保存数字签名是可行的。这样才可以用于事后的证明。

RSA 算法是目前进行数字签名最常用的算法之一。因为 RSA 的私钥是保密的，因此，可以使用私钥对原始消息进行加密。如张三是用自己的私钥对原始消息加密，然后将加密后的内容发送给李四；李四使用张三的公钥进行解密，如果能够解出正确的明文，则可以判断出密文是使用张三的私钥进行加密的，而张三的私钥只有张三自己知道，所以证明出是张三自己发送的密文，别人不可能产生这样的密文，这实现了对签名者的验证，第三方可以根据公开的公钥进行仲裁。

但由于 RSA 加密算法运算速度较慢，而通常需要加密的文件会比较大，因此，上面的方法可能使产生和验证签名的过程都比较长。此外，虽然网络中传递的是加密后的密文，但是任何人都可以获取其公钥从而对签名进行解密，可能造成被签名的消息的泄露。

改进方法是结合消息摘要技术。顾名思义，消息摘要就如一篇文章的摘要一样，摘要比原文短得多。消息摘要一般是固定长度的二进制值，消息的改变会带来消息摘要的改变。消息摘要是不可逆的，也就是说不能够根据摘要反推出原来的全部消息。这样，就可以在保证消息保密性的同时，通过保证消息摘要的完整性来保证原始消息的完整性。由于消息摘要短得多，则签名的速度也就快得多。

2.5 孙子定理

隋朝之前有部《孙子算经》(著者、成书年代不可考)提出一个"物不知数"问题：

今有物不知数，三三数之有二，五五数之有三，七七数之有二，问物有几何？

我们可以简单直接地列举，设物体数量是 x，根据"三三数之有二"得 $x=3k+2$，即 $x=2,5,8,11,14,17,20,23,\cdots$；其中，$x=8,23,38,\cdots$ 满足"五五数之有三"的条件；进一步 $x=23,128,\cdots$ 满足"$x=$七七数之有二"的要求。即 $x=23+105k,k=1,2,3,\cdots$ 为所求。

《孙子算经》书中给出了更巧妙的答案，明朝程大位在《算数统筹》以 4 句口诀归纳如下：

三人同行七十稀，五树梅花廿一枝，

七子团圆整半月，除百零五便得知。

其要点在于数字：3 和 70，5 和 21，7 和 15，105。口诀翻译成白话文即是：将所求之数除以 3 的余数乘以 70，所求之数除以 5 的余数乘以 21，所求之数除以 7 的余数乘以 15，将上述三个乘积相加，其和若大于 105，则减除 105，直到是一个小于 105 的正整数。利用算式表示为：$2\times70+3\times21+2\times15=233$，再把 $233-105-105=23$。23 就是所求之数。

这是因为：

$$70\equiv1,\quad 21\equiv0,\quad 15\equiv0\pmod 3;$$
$$70\equiv0,\quad 21\equiv1,\quad 15\equiv0\pmod 5;$$
$$70\equiv0,\quad 21\equiv0,\quad 15\equiv1\pmod 7;$$

所以：

$$233=2\times70+3\times21+2\times15\equiv2\times1+0+0\equiv2\pmod 3;$$
$$233=2\times70+3\times21+2\times15\equiv0+3\times1+0\equiv3\pmod 5;$$
$$233=2\times70+3\times21+2\times15\equiv0+0+2\times1\equiv2\pmod 7;$$

可以看出，解决问题的关键是 70、21、15 这三个数字。将上述问题一般化，要求解同余方程组：

$$\begin{cases} x\equiv a\pmod p \\ x\equiv b\pmod q \\ x\equiv c\pmod r \end{cases}$$

p、q、r 两两互质，只需找到整数 A,B,C 使它们满足：

$$A\equiv1,\quad B\equiv0,\quad C\equiv0\pmod p;$$
$$A\equiv0,\quad B\equiv1,\quad C\equiv0\pmod q;$$
$$A\equiv0,\quad B\equiv0,\quad C\equiv1\pmod r;$$

答案则为：$x\equiv Aa+Bb+Cc\pmod{pqr}$。

定理 2.9 孙子定理(中国剩余定理)

设 $m_1,m_2,\cdots,m_k\in\mathbf{Z}^+$，两两互素，$k\geqslant2$，则对任意 k 个整数 $a_1,a_2,\cdots,a_k$，同余方程组：

$$\begin{cases} x\equiv a_1\pmod{m_1} \\ x\equiv a_2\pmod{m_2} \\ \quad\vdots \\ x\equiv a_k\pmod{m_k} \end{cases}$$

必有解,其解为:$x \equiv M_1 M_1^{-1} a_1 + M_2 M_2^{-1} a_2 + \cdots + M_k M_k^{-1} a_k \pmod{M}$,其中,$M = \prod_{i=1}^{k} m_i$,$M_i = \dfrac{M}{m_i}$,$M_i^{-1}$ 满足 $M_i^{-1} M_i \equiv 1 \bmod m_i$。

【请你注意】

(1) 方程组中每个方程的 x 的系数为 1,如不为 1 要先化为 1;

(2) 只要求模 $m_1, m_2, \cdots, m_k$ 互素,并不要求它们全为素数,因为互素条件下同余方程组就能和一个同余方程实现相互转化。

例 2.33 韩信点兵:有兵一队,若列成五行,末行一人,若列成六行,末行五人,列成七行,末行四人,列成十一行,末行十人,求兵数。

解:设兵有 x 人,则

$$\begin{cases} x \equiv 1 \pmod{5} \\ x \equiv 5 \pmod{6} \\ x \equiv 4 \pmod{7} \\ x \equiv 10 \pmod{11} \end{cases}$$

(1) $M = 5 \times 6 \times 7 \times 11 = 2310$;

(2) $M_1 = 2310/5 = 6 \times 7 \times 11 = 462$,$M_2 = 2310/6 = 5 \times 7 \times 11 = 385$,
$M_3 = 2310/7 = 5 \times 6 \times 11 = 330$,$M_4 = 2310/11 = 5 \times 6 \times 7 = 210$;

(3) 因为 $M_1 M_1^{-1} \equiv 1 \pmod{m_1}$,即 $462 M_1^{-1} \equiv 2 M_1^{-1} \equiv 1 \pmod 5$,所以 $M_1^{-1} \equiv 3 \pmod 5$,

因为 $M_2 M_2^{-1} \equiv 1 \pmod{m_2}$,即 $385 M_2^{-1} \equiv M_2^{-1} \equiv 1 \pmod 6$,所以 $M_2^{-1} \equiv 1 \pmod 6$,

因为 $M_3 M_3^{-1} \equiv 1 \pmod{m_3}$,即 $330 M_3^{-1} \equiv M_3^{-1} \equiv 1 \pmod 7$,所以 $M_3^{-1} \equiv 1 \pmod 7$,

因为 $M_4 M_4^{-1} \equiv 1 \pmod{m_4}$,即 $210 M_4^{-1} \equiv M_4^{-1} \equiv 1 \pmod{11}$,所以 $M_4^{-1} \equiv 1 \pmod 7$;

(4) $x \equiv 462 \times 1 \times 3 + 385 \times 5 \times 1 + 330 \times 4 \times 1 + 210 \times 10 \times 1 \equiv 6731 \equiv 2111 \pmod{2310}$。

所以有兵 2111 人。

例 2.34 解方程组

$$\begin{cases} 7x \equiv 5 \pmod{18} \\ 13x \equiv 2 \pmod{15} \end{cases}$$

解:因为 $(18, 15) = 3$,所以不能直接使用孙子定理。

因为 $7x \equiv 5 \pmod{18}$,所以 $\begin{cases} 7x \equiv 5 \pmod 2 \\ 7x \equiv 5 \pmod 9 \end{cases}$ 即 $\begin{cases} x \equiv 1 \pmod 2 \quad ① \\ x \equiv 2 \pmod 9 \quad ② \end{cases}$

因为 $13x \equiv 2 \pmod{15}$,所以 $\begin{cases} 13x \equiv 2 \pmod 3 \\ 13x \equiv 2 \pmod 5 \end{cases}$ 即 $\begin{cases} x \equiv 2 \pmod 3 \quad ③ \\ x \equiv -1 \pmod 5 \quad ④ \end{cases}$

根据①~④可得:

$$\begin{cases} x \equiv 1 \pmod 2 \\ x \equiv -1 \pmod 5 \\ x \equiv 2 \pmod 9 \end{cases}$$

所以 $M = 2 \times 5 \times 9 = 90$,$M_1 = 90/2 = 45$,$M_2 = 90/5 = 18$,$M_3 = 90/9 = 10$,

$45 M_1^{-1} \equiv M_1^{-1} \equiv 1 \pmod 2$,$18 M_2^{-1} \equiv 3 M_2^{-1} \equiv 1 \pmod 5$,$M_2^{-1} \equiv 2 \pmod 5$,

10 $M_3^{-1} \equiv M_3^{-1} \equiv 1 \pmod 9$,

所以 $x \equiv 45 \times 1 \times 1 + 18 \times (-1) \times 2 + 10 \times 2 \times 1 \equiv 29 \pmod{90}$。

例 2.35 请计算 $2^{1\,000\,000} \pmod{77}$。

解：设 $x \equiv 2^{1\,000\,000} \pmod{77}$，则：$\begin{cases} x \equiv 2^{1\,000\,000} \pmod 7, \\ x \equiv 2^{1\,000\,000} \pmod{11}, \end{cases}$

即：$\begin{cases} x \equiv 2^{1\,000\,000 \pmod{\varphi(7)}} \equiv 2^4 \equiv 2 \pmod 7, \\ x \equiv 2^{1\,000\,000 \pmod{\varphi(11)}} \equiv 2^0 \equiv 1 \pmod{11}, \end{cases}$

因为 $11 \times 2 - 7 \times 3 = 1$，所以 $x \equiv 11 \times 2 \times 2 + 7 \times 1 \times (-3) \equiv 23 \pmod{77}$。孙子定理可以用于提高 RSA 的运算速度。

例 2.36 请用 RSA 密码算法加密字母 A 并解密。取 $p=23, q=47, e=3$。

解：加密计算如例 2.32 所示，此处从略。

解密：$m \equiv 51^{675} \pmod{1081}$，

$m \equiv 51^{675} \pmod{23} \equiv (46+5)^{22 \times 30+15} \equiv 5^{15} \equiv 5 \times 2^{57} \equiv 5 \times 2^7 \equiv -4$,

$m \equiv 51^{675} \pmod{47} \equiv (47+4)^{46 \times 14+31} \equiv 2^{62} \equiv 2^{16} \equiv 21^2 \equiv 18$,

因为 $47 \times 1 - 23 \times 2 = 1$，所以 $x \equiv 47 \times (-4) \times 1 + 23 \times 18 \times (-2) \equiv -1016 \equiv 65 \pmod{1081}$。
因为 $1 < m < 1081$，所以取 $k=1$，得 $m=65$，即"3"解密变成"A"。

小结

本章研究了数论的核心问题：同余。主要内容可以归纳为如下 4 个要点。

(1) 同余：$a \equiv b \pmod m \Leftrightarrow m | a-b \Leftrightarrow a = b+km$。

① "≡"非常类似于"="。
- =：左右可以同时加减乘除同一个数，但不能除以 0。
- ≡：对于同一个模 m，左右可以同时加减乘除同余的数，但必须满足两个要求：不能除以与 0 同余的数；除以一个数以后结果必须仍为整数，因此通常不是除以一个数，而是乘以该数模 m 的逆元。

② ≡保持：$a \equiv b \pmod m$，m 变，a, b 不变；m 变成其一个因子，同余等式仍成立；m 可以分解成 n 个互素的整数的乘积，实现一个模 m 的方程与 n 个方程组的互化。

(2) 剩余类和剩余系。

① 模 m 的剩余类：$a \pmod m = \{a+km | k \in Z\}$。
- 同余的归一类：两类或者完全一样，或者完全不同；
- 完全不同的最多 m 个。

② 模 m 的剩余系：每个剩余类中找出一个代表元，组成一个剩余系。
- 完全剩余类 ↔ 完系：都可统一到 $0, 1, \cdots, m-1$ 之间，m 个元素。
- 紧缩剩余类 ↔ 缩系：$\varphi(m)$ 个元素，与 m 互质。
- 缩系最大的价值：每个元素都有逆元。
- 模 m 为素的价值：完系去除"0"就是缩系。

③ x 遍历模 m 的完(缩)系，则 ax 也遍历其完(缩)系，其中，$(a, m) = 1$。

④ 剩余类和剩余系的计算技巧：
- 不规则的数转化为 $1,2,\cdots,m$ 的形式；
- 要证一个数列是模 m 的完系，首先证明有 m 个数字，然后证明它们两两不同余；
- 要证一个数列是模 m 的缩系，首先证明它是模 m 的完系，然后证明数列中每个数都与 m 互质。

⑤ 欧拉函数 $\varphi(m)$：
- 证明常用公式 $\varphi(m)=m\prod_{k=1}^{s}\left(1-\dfrac{1}{p_k}\right)$，其中，$m=\prod_{k=1}^{s}p_k^{a_k}$；
- 计算常用：若 $(m,n)=1$，则 $\varphi(pq)=\varphi(p)\varphi(q)$；当 p 为素数时，$\varphi(p)=p-1$ 和 $\varphi(p^n)=p^n-p^{n-1}$。

(3) 三大定理。

① Wilson 定理：
- $(p-1)!\equiv-1\ (\bmod\ p)\quad\Leftrightarrow\quad p$ 是素数；
- 确定性地判断素数的方法之一。

② Euler 定理：$(a,m)=1, a^{\varphi(m)}\equiv 1\ (\bmod\ m)$。

③ Fermat 小定理：p 为素数时，$a^p\equiv a\ (\bmod\ p)$。
概率性地判断素数的方法的基石。

④ Euler 定理和 Fermat 小定理的应用技巧。
- 指数化简：指数中减去欧拉函数的倍数。
- 模若为合数：先分离成多个模互素的方程。

(4) 孙子定理：解一次同余方程组

$$\begin{cases} x\ \bmod\ m_1=a_1 \\ x\ \bmod\ m_2=a_2 \\ \quad\vdots \\ x\ \bmod\ m_k=a_k \end{cases} \Rightarrow \begin{array}{l} x\equiv\left(\dfrac{M}{m_1}M_1a_1+\cdots+\dfrac{M}{m_k}M_ka_k\right)\bmod M \\[6pt] \dfrac{M}{m_i}M_i\equiv 1\ \bmod\ m_i \end{array}$$

① 方程组中每个方程的 x 的系数为 1，如不为 1 要先化为 1；
② 模互素，不一定都是素数，互质条件下同余方程组就能和一个同余方程实现相互转化。

作业

1. 若 $p,p+10,p+14$ 均是素数，请计算 p。
2. 若 $a^2\equiv b^2(\bmod\ m)$，则 $a\equiv b\ (\bmod\ m)$ 或 $a\equiv-b\ (\bmod\ m)$ 至少有一个成立吗？
3. 求解一元一次同余方程：
   (1) $345x\equiv 44\ (\bmod\ 48)$　　(2) $9x\equiv 18\ (\bmod\ 48)$　　(3) $17x-20\equiv 4\ (\bmod\ 48)$
4. 计算乘法逆元：
   (1) $2^{-1}(\bmod\ 67)$　　(2) $2^{-1}(\bmod\ 68)$　　(3) $67^{-1}(\bmod\ 1024)$
5. 当 $a_0,a_1,\cdots,a_{m-1}$ 和 $b_0,b_1,\cdots,b_{m-1}$ 是两个模 m 的完系，求证：当 m 是偶数时，$a_0+b_0,a_1+b_1,\cdots,a_{m-1}+b_{m-1}$ 一定不是模 m 的完系。

6. 请计算欧拉函数：
(1) $\varphi(111)$ 　　　　　　(2) $\varphi(128)$ 　　　　　　(3) $\varphi(4116)$

7. 请利用欧拉定理或费马小定理计算：
(1) $2^{45\,678} \pmod{13}$ 　　(2) $79^{300} \pmod{455}$ 　　(3) $13^{567} \pmod{81}$

8. 求相邻的三个整数，它们依次可被 4、9、25 整除。

9. 求解同余式：$123\,x \equiv 456 \pmod{2015}$。

10. 请利用孙子定理计算：
(1) $13^{123} \pmod{117}$ 　　(2) $79^{301} \pmod{455}$ 　　(3) $123^{567} \pmod{11\,025}$

11. 用仿射密码加密消息 "meet me at my office at eight oclock"，加密密钥为 (3,5)。请完成：
(1) 写出计算过程和得到的密文；
(2) 计算解密的密钥；
(3) 对计算得到的密文进行解密，还原出明文。

12. 已知 RSA 密码体制的公钥为 $n=187, e=7$，待发送的消息为 "5"，试将该消息加密后发送。对应的解密密钥应该是什么？假设你截获密文，请通过因子分解 n 破译该密码，并对密文解密。

13. 请设计实现模重复平方法计算程序，要求使用两种不同的计算过程（迭代和递归），给出程序伪码或流程框图，并计算出 $569^{853} \pmod{997}$。

14. 请设计实现对汉字进行凯撒加密的程序，将"这是一段用于凯撒加密的文字"进行加密和解密，给出你的设计思路、密钥、密文，并通过解密结果验证程序的正确性。

15. 请设计实现计算一个正整数的欧拉函数的程序，计算出 $\varphi(1\,604\,741)$。请分析你的程序的时间复杂度，通过哪些措施可以提高计算效率。

16. 请设计实现一个能进行 RSA 加密解密的程序，并对上面 11 题的明文进行加密和解密。请给出程序是：① 如何生成两个比较接近、差又足够大的质数 p 和 q 呢？② 如何选择随机整数 e？如何计算 d？③ 如何计算 $a^b \pmod{n}$ 实现加密和解密？④ 大多数的编译器只能支持到 64 位的整数运算，在你的程序中，如何实现大整数的运算？

17. 一种换位式密码的加密过程描述为：按行记录、按列读出。如设列为 4（密钥），要加密明文为 "canyouunderstandthis"，首先将明文按 4 个字符一行分组排列，得到密文为 "codttaueahnurniynsds"。

你能写出此加密算法的加密和解密公式吗？

c	a	n	y
o	u	u	n
d	e	r	s
t	a	n	d
t	h	i	s

18. 简单的切牌：所谓切牌，是指选择一个随机的位置，把一副牌一分为二，然后交换两部分。你能使用同余的思想描述切牌的过程吗？

19. 完美的洗牌：

(1) 有 $2n$ 张牌,对它们进行编号：$1,2,\cdots,n,n+1,\cdots,2n-1,2n$。

(2) 洗牌过程为两半交错：$n+1,1,n+2,2,\cdots,2n-1,n-1,2n,n$。

请问：

(1) 这种对一副有 $2n$ 张牌的完美快速洗牌过程能不能用公式表示出来？

(2) 经过多少次洗牌后,每一张牌会返回它们的初始位置？

(3) 如果你是一个魔术师,选多少张牌你能最快地实现上述过程？需要洗多少次？

第3章 原　根

【教学目的】

掌握指数与原根的基本概念；能够利用指数的计算技巧寻找原根；能够利用原根的性质计算指数，能够建立离散对数表求解高次同余方程。

【教学要求】

通过本章的学习，读者能够：

(1) 识记：指数与原根等基本概念和性质，原根的存在条件。

(2) 领会：各定理如何优化原根的寻找过程。

(3) 简单应用：利用指数计算技巧寻找一个原根，利用一个原根生成缩系中的所有元素，利用一个原根计算缩系中各元素的指数，建立离散对数表求解高次同余方程。

(4) 综合应用：高次同余方程求解的程序实现，离散对数密码的设计与实现。

【学习重点与难点】

本章重点与难点是：利用指数计算技巧寻找原根，利用原根性质计算各数指数，求解高次同余方程等问题。

代数最主要的问题是解方程，在第 2 章中已经学习过解一次同余方程，本章围绕的是解高阶指数方程。在正式开始本章学习之前，请思考下面这三个问题。

(1) 根据欧拉定理知道 $2^6 \equiv 1 \pmod 7$，其实 $2^3 \equiv 1 \pmod 7$，显然后者对于幂指数化简更有价值。如根据欧拉定理有 $2^{22} \equiv 2^4 \pmod 7$；实际上可以根据 $2^3 \equiv 1 \pmod 7$ 将其化简成更简单的形式 $2^{22} \equiv 2 \pmod 7$。

那么，你能不能对模 $m = 17$、27、37、47、67、87…类似地找到比欧拉函数更小的数字 k，使得 $2^k \equiv 1 \pmod m$？

(2) 根据欧拉定理知道 $2^6 \equiv 1 \pmod 7$，考虑中间的计算过程：

$$2^1 \equiv 2, 2^2 \equiv 4, 2^3 \equiv 1, 2^4 \equiv 2, 2^5 \equiv 4, 2^6 \equiv 1 \pmod 7$$

因此，$2^k \pmod 7$ 实际上会形成一个周期为 3 的循环。对于 3 则有：

$$3^1 \equiv 3, 3^2 \equiv 2, 3^3 \equiv 6, 3^4 \equiv 4, 3^5 \equiv 5, 3^6 \equiv 1 \pmod 7$$

因此，$3^k \pmod 7$ 实际上会形成一个周期为 6 的循环。那么若底数为 4、5、6 呢？这其中体现了什么样的规律？

(3) 在中学曾经学过 $2^x = 1000$ 的解为 $x = \log_2 1000$；$x^2 = 1000$ 的解为 $2 \log_{10}|x| = \log_{10} 1000 = 3$，所以 $x = \pm 10^{3/2}$。你能不能类似地求解 $2^x \equiv 1000 \pmod 7$ 和 $x^2 \equiv 1000 \pmod 7$？这与中学的指数方程和对数方程求解有什么异同？

上述问题都围绕着本章的核心：原根。利用原根的性质可以快速地实现加密，为了使加密结果直观可见，将图 3-1(a) 的 lena 图像分成 6 块，使用 $y \equiv 3^x \pmod 7$，就可以加密成图 3-1(b)，实现了换位式密码，其中，x 表示原始图像块标号，y 表示加密后图像块标号。

(a) 原始lena图像X

(b) 加密后lena图像Y

图 3-1 简单换位式加密算法示意图

3.1 指数

定义 3.1 指数

$m,a\in \mathbf{Z}, m>1, (a,m)=1$，使 $a^k\equiv 1\pmod{m}$ 成立的**最小正整数 k**，称为 a 模 m 的指数，记为 $\mathrm{ord}_m(a)$。

例 3.1 $\mathrm{ord}_m(1)=1$， $\mathrm{ord}_7(3)=6$， $\mathrm{ord}_7(2)=3$，
$\mathrm{ord}_2(-1)=1$， $\mathrm{ord}_m(-1)=2\ (m>2)$。

【请你注意】

(1) 如果 $(a,m)>1$，则规定 $\mathrm{ord}_m(a)=0$；

(2) 在谈到 a 对模 m 的指数时，总假定 $m>1, (a,m)=1$；

(3) 指数有时也称为阶，与 $\mathrm{ord}_m(a)$ 等同的符号是 $\delta_m(a)$。

例 3.2 请计算 $\mathrm{ord}_7(5)$。

解：因为 $5^1\equiv 5, 5^2\equiv 4, 5^3\equiv 6, 5^4\equiv 2, 5^5\equiv 3, 5^6\equiv 1\pmod 7$，所以 $\mathrm{ord}_7(5)=6$。

相似地，可以得出：

$1^1\equiv 1\pmod 7$；

$2^1\equiv 2, 2^2\equiv 4, 2^3\equiv 8\equiv 1\pmod 7$；

$3^1\equiv 3, 3^2\equiv 2, 3^3\equiv 27\equiv -1, 3^4\equiv -3, 3^5\equiv -12\equiv 5, 3^6\equiv 1\pmod 7$；

$4^1\equiv 4, 4^2\equiv 16\equiv 2, 4^3\equiv 8\equiv 1\pmod 7$；

$6^1\equiv 6\equiv -1, 6^2\equiv 1\pmod 7$。

从而可以写出模 7 的指数表，如表 3-1 所示。

表 3-1 模 7 指数表

a	1	2	3	4	5	6
$\mathrm{ord}_7(a)$	1	3	6	3	6	2

观察模 7 的指数表，可以看出：a 有 $\varphi(7)=6$ 个不同的取值，2 与 4 模 7 的指数相同，3 与 5 模 7 的指数相同，所有 a 模 7 的指数都是 $\varphi(7)=6$ 的因数；模 7 的指数是 6 的数字有两

个,模 7 的指数是 3 的数字有两个,模 7 的指数是 2 的数字有一个,模 7 的指数是 1 的数字有一个。

类似地,可以求出模 10 的指数表,如表 3-2 所示。

$1^1 \equiv 1 \pmod{10}$,

$3^1 \equiv 3, 3^2 \equiv 9 \equiv -1, 3^3 \equiv 7, 3^4 \equiv 1 \pmod{10}$,

$7^1 \equiv 7, 7^2 \equiv 9, 7^3 \equiv 3, 7^4 \equiv 1 \pmod{10}$,

$9^1 \equiv 9 \equiv -1, 9^2 \equiv 1 \pmod{10}$。

表 3-2 模 10 指数表

a	1	3	7	9
$\mathrm{ord}_{10}(a)$	1	4	4	2

其中,a 有 $\varphi(10)=4$ 个不同的取值,3 与 7 模 10 的指数相同,所有 a 模 10 的指数都是 $\varphi(10)=4$ 的因数。模 10 的指数是 4 的数字有两个,模 10 的指数是 2 的数字有一个,模 10 的指数是 1 的数字有一个。

同理,模 14 的指数表如表 3-3 所示。

表 3-3 模 14 指数表

a	1	3	5	9	11	13
$\mathrm{ord}_{14}(a)$	1	6	6	3	3	2

其中,a 有 $\varphi(14)=6$ 个不同的取值,3 与 5 模 14 的指数相同,9 与 11 模 14 的指数相同,所有 a 模 14 的指数都是 $\varphi(14)$ 的因数。模 14 的指数是 6 的数字有两个,模 14 的指数是 3 的数字有两个,模 14 的指数是 2 的数字有一个,模 14 的指数是 1 的数字有一个。

归纳起来,指数具有一些基本性质。

定理 3.1 $a, m, n \in \mathbf{Z}, m > 1, (a, m) = 1, a^n \equiv 1 \pmod{m} \Leftrightarrow \mathrm{ord}_m(a) | n$

证明:设 $n = \mathrm{ord}_m(a) q + r, 0 \leqslant r < \mathrm{ord}_m(a), q, r \in \mathbf{Z}$ 则:

$$a^n \equiv a^{\mathrm{ord}_m(a) q + r} \equiv a^r \pmod{m}$$

因为 $\mathrm{ord}_m(a)$ 是满足 $a^k \equiv 1 \pmod{m}$ 成立的最小正整数,$0 \leqslant r < \mathrm{ord}_m(a)$,

所以 $a^n \equiv 1 \pmod{m} \Leftrightarrow a^r \equiv 1 \pmod{m} \Leftrightarrow r = 0$,

即 $a^n \equiv 1 \pmod{m} \Leftrightarrow \mathrm{ord}_m(a) | n$。证毕。

推论 3.1 $a, m \in \mathbf{Z}, m > 1, (a, m) = 1$,有 $\mathrm{ord}_m(a) | \varphi(m)$。

定义 3.2 原根

$a, m \in \mathbf{Z}, m > 1, (a, m) = 1$,若 $\mathbf{ord}_m(a) = \boldsymbol{\varphi}(m)$,则称 a 为模 m 的原根。

如根据模 7 的指数表,3 和 5 是模 7 的原根,1、2、4 和 6 不是模 7 的原根。同理,3 和 7 是模 10 的原根,3 和 5 是模 14 的原根。

例 3.3 请计算 $\mathrm{ord}_{17}(5)$。

解:因为 $\varphi(17) = 16$,所以 $\mathrm{ord}_{17}(5) | 16$,所以 $\mathrm{ord}_{17}(5)$ 可能为 1、2、4、8、16,

因为 $5^1 \equiv 5, 5^{16} \equiv 1 \pmod{17}$,所以只需计算 5^2、5^4、$5^8 \pmod{17}$,

因为 $5^2 \equiv 8, 5^4 \equiv 64 \equiv 13, 5^8 \equiv 169 \equiv -1 \pmod{17}$,

所以 $\mathrm{ord}_{17}(5) = 16$,即 5 是模 17 的原根。

定理 3.2 $m,a,b \in \mathbf{Z}, m>1, (a,m)=1$,

(1) 若 $a \equiv b \pmod{m}$, 则 $\text{ord}_m(a) = \text{ord}_m(b)$;

(2) $ab \equiv 1 \pmod{m}$, 则 $\text{ord}_m(a) = \text{ord}_m(b)$;

(3) 若 $l, n \in \mathbf{Z}, a^n \equiv a^l \pmod{m}$, 则 $n \equiv l \pmod{\text{ord}_m(a)}$;

(4) 记 $n = \text{ord}_m(a)$, 则 $a^0, a^1, \cdots, a^{n-1}$ 模 m 两两不同余, 特别地,
a 是原根 $\Leftrightarrow a^0, a^1, \cdots, a^{\varphi(m)-1}$ 是模 m 的缩系;

(5) 若 $n | m$, 则 $\text{ord}_n(a) | \text{ord}_m(a)$;

(6) 若 $(m,n)=1, (a,mn)=1$, 则 $\text{ord}_{mn}(a) = [\text{ord}_m(a), \text{ord}_n(a)]$;

(7) 若 $(ab,m)=1, (\text{ord}_m(a), \text{ord}_m(b))=1$, 则 $\text{ord}_m(ab) = \text{ord}_m(a)\text{ord}_m(b)$。

证明: (1) 因为 $a^{\text{ord}_m(a)} \equiv b^{\text{ord}_m(a)} \equiv 1 \pmod{m}$, 所以根据定理 3.1, $\text{ord}_m(b) | \text{ord}_m(a)$,
同理: $\text{ord}_m(a) | \text{ord}_m(b)$, 所以 $\text{ord}_m(a) = \text{ord}_m(b)$。

(2) 因为 $a^{\text{ord}_m(a)} \equiv 1 \pmod{m}$, 所以 $b^{\text{ord}_m(a)} \equiv (ab)^{\text{ord}_m(a)} \equiv 1^{\text{ord}_m(a)} \equiv 1 \pmod{m}$,
所以 $\text{ord}_m(b) | \text{ord}_m(a)$,
同理, $a^{\text{ord}_m(b)} \equiv (ab)^{\text{ord}_m(b)} \equiv 1^{\text{ord}_m(b)} \equiv 1 \pmod{m}$, 所以 $\text{ord}_m(a) | \text{ord}_m(b)$,
所以 $\text{ord}_m(a) = \text{ord}_m(b)$。

(3) 不妨设 $n > l$, 因为 $(a,m)=1$, 所以 $a^{n-l} \equiv a^{l-l} \equiv 1 \pmod{m}$,
根据定理 3.1, $\text{ord}_m(a) | n-l$, 即 $n \equiv l \pmod{\text{ord}_m(a)}$。

(4) (反证法) 若 $0 \leq i < j \leq n-1$, 有 $a^i \equiv a^j \pmod{m}$,
由 (3) 得 $j \equiv i \pmod{n}$, 因为 $j - i < n$, 所以 $j - i = 0$, 矛盾,
所以 $a^0, a^1, \cdots, a^{n-1}$ 对模 m 两两不同余;
若 a 是原根, 则 $\text{ord}_m(a) = \varphi(m)$,
所以 $a^0, a^1, \cdots, a^{\varphi(m)-1}$ 这 $\varphi(m)$ 个数模 m 两两不同余,
所以 $a^0, a^1, \cdots, a^{\varphi(m)-1}$ 是模 m 的缩系。

(5) 因为 $a^{\text{ord}_m(a)} \equiv 1 \pmod{m}$, 所以 $a^{\text{ord}_m(a)} \equiv 1 \pmod{n}$, 所以 $\text{ord}_n(a) | \text{ord}_m(a)$。

(6) 因为 $(m,n)=1, (a,mn)=1$, 所以 $\text{ord}_m(a) | \text{ord}_{mn}(a), \text{ord}_n(a) | \text{ord}_{mn}(a)$,
设 $s = [\text{ord}_m(a), \text{ord}_n(a)]$, 所以 $s | \text{ord}_{mn}(a)$,
又因为 $\text{ord}_m(a) | s, \text{ord}_n(a) | s$, 所以 $a^s \equiv 1 \pmod{m}, a^s \equiv 1 \pmod{n}$,
所以 $a^s \equiv 1 \pmod{mn}$, 所以 $\text{ord}_{mn}(a) | s$, 所以 $\text{ord}_{mn}(a) = [\text{ord}_m(a), \text{ord}_n(a)]$。

(7) 因为 $a^{\text{ord}_m(a)\text{ord}_m(ab)} \equiv (ab)^{\text{ord}_m(a)\text{ord}_m(ab)} \equiv 1 \pmod{m}$,
所以 $(ab)^{\text{ord}_m(a)\text{ord}_m(ab)} \equiv a^{\text{ord}_m(a)\text{ord}_m(ab)} b^{\text{ord}_m(a)\text{ord}_m(ab)} \equiv b^{\text{ord}_m(a)\text{ord}_m(ab)} \equiv 1 \pmod{m}$,
所以 $\text{ord}_m(b) | \text{ord}_m(ab)\text{ord}_m(a)$, 因为 $(\text{ord}_m(a), \text{ord}_m(b))=1$,
所以 $\text{ord}_m(b) | \text{ord}_m(ab)$,
同理, $\text{ord}_m(a) | \text{ord}_m(ab)\text{ord}_m(b)$, 所以 $\text{ord}_m(a) | \text{ord}_m(ab)$,
所以 $\text{ord}_m(a)\text{ord}_m(b) | \text{ord}_m(ab)$,
另一方面, $(ab)^{\text{ord}_m(a)\text{ord}_m(b)} \equiv a^{\text{ord}_m(a)\text{ord}_m(b)} b^{\text{ord}_m(a)\text{ord}_m(b)} \equiv 1 \pmod{m}$,
所以 $\text{ord}_m(ab) | \text{ord}_m(a)\text{ord}_m(b)$, 所以 $\text{ord}_m(ab) = \text{ord}_m(a)\text{ord}_m(b)$。

例 3.4 请计算 $\text{ord}_{17}(39)$。

解: 因为 $39 \equiv 5 \pmod{17}$, 所以 $\text{ord}_{17}(39) = \text{ord}_{17}(5) = 16$。

例 3.5 请计算 $\text{ord}_{17}(7)$。

解: 因为 $7 \times 5 \equiv 1 \pmod{17}$, 所以 $7 \equiv 5^{-1} \pmod{17}$, 所以 $\text{ord}_{17}(7) = \text{ord}_{17}(5) = 16$。

例 3.6 请计算 $2^{211} \pmod 7$。

解：因为 $\text{ord}_7(2)=3$，所以 $2^{211} \pmod 7 \equiv 2^{211 \pmod 3} \pmod 7 \equiv 2 \pmod 7$。

例 3.7 请写出模 10 的缩系。

解：因为 $\varphi(10)=\varphi(2)\varphi(5)=1\times 4=4$，$\text{ord}_{10}(3)=4$，所以 3 是模 10 的原根，

所以模 10 的缩系为 $3^0, 3^1, 3^2, 3^3 \pmod{10}$，即 $1,3,9,7$。

例 3.8 请计算 $\text{ord}_{49}(3)$。

解：因为 $\varphi(49)=7^2-7=42$，所以 $\text{ord}_{49}(3)|42$，所以 $\text{ord}_{49}(3)$ 可能为 1、2、3、6、7、14、21、42，又因为 $\text{ord}_7(3)=6|\text{ord}_{49}(3)$，所以 $\text{ord}_{49}(3)$ 只可能为 6 或 42，

所以只需计算 $3^6 \pmod{49}$，因为 $3^6 \equiv -6 \pmod{49}$，所以 $\text{ord}_{49}(3)=42$。

例 3.9 请计算 $\text{ord}_{28}(3)$。

解：因为 $\varphi(28)=\varphi(4\times 7)=\varphi(4)\times\varphi(7)=2\times 6=12$，所以 $\text{ord}_{28}(3)|12$

（法一）因为 $\text{ord}_7(3)|\text{ord}_{28}(3)$，$\text{ord}_4(3)|\text{ord}_{28}(3)$，而 $\text{ord}_7(3)=6$，$\text{ord}_4(3)=2$，

所以 $6|\text{ord}_{28}(3)$，所以 $\text{ord}_{28}(3)$ 可能为 6 或 12，

因为 $3^6\equiv 1 \pmod{28}$，所以 $\text{ord}_{28}(3)=6$。

（法二）因为 $(4,7)=1$，所以 $\text{ord}_{28}(3)=[\text{ord}_7(3),\text{ord}_4(3)]=[6,2]=6$。

例 3.10 请计算 $\text{ord}_{2904}(5)$。

解：因为 $2904=8\times 3\times 121=2^3\times 3\times 11^2$，所以首先计算 $\text{ord}_8(5)$、$\text{ord}_3(5)$ 和 $\text{ord}_{121}(5)$，

因为 $\varphi(8)=8-4=4$，$5^2\equiv 1\pmod 8$，所以 $\text{ord}_8(5)=2$，

因为 $5\equiv -1\pmod 3$，所以 $\text{ord}_3(5)=\text{ord}_3(-1)=2$，

因为 $\varphi(11)=10$，$5^2\equiv 3$，$5^5\equiv 45\equiv 1\pmod{11}$，所以 $\text{ord}_{11}(5)=5$，所以 $5|\text{ord}_{121}(5)$，

因为 $\varphi(121)=121-11=110$，所以 $\text{ord}_{121}(5)|110$，

所以 $\text{ord}_{121}(5)$ 可能为 5、10、55 或 110，

因为 $5^5\equiv 100$，$5^{10}\equiv 78$，$5^{55}\equiv 1\pmod{121}$，所以 $\text{ord}_{121}(5)=55$，

所以 $\text{ord}_{2904}(5)=[\text{ord}_8(5),\text{ord}_3(5),\text{ord}_{121}(5)]=[2,2,55]=110$。

例 3.11 请计算模 23 的一个原根。

解：因为 $\varphi(23)=22$，所以 $\text{ord}_{23}(a)$ 可能为 1、2、11、22，

因为 $2^2\equiv 4$，$2^{11}\equiv 1\pmod{23}$，所以 $\text{ord}_{23}(2)=11$，

又因为 $\text{ord}_{23}(-1)=2$，而 $(-1\times 2,23)=(21,23)=1$，

所以 $\text{ord}_{23}(-2)=\text{ord}_{23}(21)=\text{ord}_{23}(-1)\times\text{ord}_{23}(2)=22$，即 21 为模 23 的一个原根。

3.2 原根

本节主要讨论原根的价值、存在性，以及计算技巧。

定理 3.3 若 $a,m,k\in\mathbf{Z}^+$，$(a,m)=1$，记 $n=\text{ord}_m(a)$，$s=\text{ord}_m(a^k)$，则

$$s=n/(k,n) \tag{3-1}$$

证明：因为 $(a^k)^s\equiv a^{ks}\equiv 1\pmod m$，所以 $n|ks$，

所以 $n/(k,n)|ks/(k,n)$，所以 $n/(k,n)|s$，

所以 $(a^k)^{n/(k,n)}=(a^n)^{k/(k,n)}\equiv 1^{k/(k,n)}\equiv 1\pmod m$，所以 $s|n/(k,n)$，

所以 $s=n/(k,n)$。证毕。

例 3.12 观察模 7 的一个缩系的元素与它们的指数，如表 3-4 所示。

表 3-4 模 7 的一个缩系的元素与它们的指数

a	1	2	3	4	5	6
$\mathrm{ord}_7(a)$	1	3	6	3	6	2

(1) $\mathrm{ord}_7(2) = \mathrm{ord}_7(9) = \mathrm{ord}_7(3^2) = \mathrm{ord}_7(3)/(\mathrm{ord}_7(3),2) = 6/(6,2) = 3$;

(2) $\mathrm{ord}_7(4) = \mathrm{ord}_7(2^2) = \mathrm{ord}_7(2)/(\mathrm{ord}_7(2),2) = 3/(3,2) = 3$;

(3) $\mathrm{ord}_7(5) = \mathrm{ord}_7(3^5) = \mathrm{ord}_7(3)/(\mathrm{ord}_7(3),5) = 6/(6,5) = 6$。

【你应该知道的】

(1) 当 $(k,n)=1$ 时,$s=n$,即 $\mathrm{ord}_m(a^k) = \mathrm{ord}_m(a)$,因此模 m 的一个缩系中,与 a 指数相同的数有 $\varphi(\mathrm{ord}_m(a))$ 个;

(2) 若 a 是模 m 的原根,则当 $(k,\varphi(m))=1$ 时,a^k 也是模 m 的原根;

(3) 如果模 m 存在原根,则不同的原根有 $\varphi(\varphi(m))$ 个。

例 3.13 观察模 7 的指数表可以看出:

因为 $\varphi(7)=6$ 的因子有 1、2、3、6,所以模 7 的指数可能为 1、2、3、6,

(1) 模 7 的指数为 6 的数字(原根)有 $\varphi(\varphi(7))=\varphi(6)=\varphi(2)\varphi(3)=2$ 个;

(2) 模 7 的指数为 3 的数字有 $\varphi(3)=2$ 个;

(3) 模 7 的指数为 2 的数字有 $\varphi(2)=1$ 个;

(4) 模 7 的指数为 1 的数字有 $\varphi(1)=1$ 个。

例 3.14 请计算模 23 的所有原根。

解:因为 -2 为模 23 的一个原根(见例 3.11),

所以模 23 的原根有 $\varphi(\varphi(23))=\varphi(22)=\varphi(2)\times\varphi(11)=10$ 个,

所有原根可以表示为 $(-2)^k \pmod{23}$,其中 $k=1、3、5、7、9、13、15、17、19、21$,即 $(k,\varphi(23))=1$,

所以模 23 的所有原根有:$-2、-8、-9、-13、-6、-4、7、5、20、-12$。

即模 23 的所有原根有:5、7、10、11、14、15、17、19、20、21。

【你应该知道的】 利用原根生成缩系

根据定理 3.2(4),可以利用模 m 一个原根,将模 m 的缩系中其余元素都表示出来,称**为可以用模 m 一个原根生成模 m 的缩系**,再利用定理 3.3,可以对应计算出模 m 的缩系的每个元素的指数。

例如,用模 7 的原根 3 生成模 7 的缩系,如表 3-5 所示。

表 3-5 以原根 3 生成模 7 的缩系

k	1	2	3	4	5	6
$a=3^k$	3	2	6	4	5	1

用模 7 的原根 5 生成模 7 的缩系,如表 3-6 所示。

表 3-6 以原根 5 生成模 7 的缩系

k	1	2	3	4	5	6
$a=5^k$	5	4	6	2	3	1

同样,可以分别用模 10 的原根 3 和 7 生成模 10 的缩系,如表 3-7 和表 3-8 所示。

表 3-7 以原根 3 生成模 10 的缩系

k	1	2	3	4
$a=3^k$	3	9	7	1

表 3-8 以原根 7 生成模 10 的缩系

k	1	2	3	4
$a=7^k$	7	9	3	1

据此可以对应计算出模 m 的缩系的每个元素的指数。

例如,用模 7 的原根 3 计算模 7 的缩系中每个元素的指数,如表 3-9 所示。

表 3-9 以原根 3 计算模 7 的缩系中每个元素的指数

k	6	2	1	4	5	3
$a=3^k$	1	2	3	4	5	6
$\mathrm{ord}_7(a)$	$6/(6,6)=1$	$6/(6,2)=3$	$6/(6,1)=6$	$6/(6,2)=3$	$6/(6,5)=6$	$6/(6,3)=2$

用模 7 的原根 5 计算模 7 的缩系中每个元素的指数,如表 3-10 所示。

表 3-10 以原根 5 计算模 7 的缩系中每个元素的指数

k	6	4	5	2	1	3
$a=5^k$	1	2	3	4	5	6
$\mathrm{ord}_7(a)$	$6/(6,6)=1$	$6/(6,2)=3$	$6/(6,5)=6$	$6/(6,2)=3$	$6/(6,1)=6$	$6/(6,3)=2$

同样,可以分别用模 10 的原根 3 和 7 生成模 10 的缩系中每个元素的指数,如表 3-11 所示。

表 3-11 以原根 3 和 7 生成模 10 的缩系中每个元素的指数

k	1	2	3	4
$a=3^k$	3	9	7	1
$\mathrm{ord}_{10}(a)$	$4/(4,1)=4$	$4/(4,2)=2$	$4/(4,3)=4$	$4/(4,4)=1$
$b=7^k$	7	9	3	1
$\mathrm{ord}_{10}(b)$	$4/(4,1)=4$	$4/(4,2)=2$	$4/(4,3)=4$	$4/(4,4)=1$

例 3.15 请计算模 23 的缩系的每个元素的指数。

解:因为 -2 为模 23 的一个原根(见例 3.11),$\varphi(23)=22$,

所以依次计算 -2 的幂得到:

$-2^2 \equiv 4, -2^3 \equiv 15, -2^4 \equiv 16, -2^5 \equiv 14, -2^6 \equiv 18, -2^7 \equiv 10, -2^8 \equiv 3 \pmod{23}$,

$-2^9 \equiv 17, -2^{10} \equiv 12, -2^{11} \equiv 22, -2^{12} \equiv 2, -2^{13} \equiv 19, -2^{14} \equiv 8, -2^{15} \equiv 7 \pmod{23}$,

$-2^{16} \equiv 9, -2^{17} \equiv 5, -2^{18} \equiv 13, -2^{19} \equiv 20, -2^{20} \equiv 6, -2^{21} \equiv 11, -2^{22} \equiv 1 \pmod{23}$,

所以模 23 的指数为 22 的有 $\varphi(22)=10$ 个:5、7、10、11、14、15、17、19、20、21。即分别为 $(-2)^k \pmod{23}$,其中,$(k,22)=22/22=1(k=1,3,5,7,9,13,15,17,19,21)$。

模 23 的指数为 11 的有 $\varphi(11)=10$ 个:2、3、4、6、8、9、12、13、16、18。即分别为 $(-2)^k \pmod{23}$,其中,$(k,22)=22/11=2(k=2,4,6,8,10,12,14,16,18,20)$。

模 23 的指数为 2 的有 $\varphi(2)=1$ 个：22。即分别为 $(-2)^k \pmod{23}$，其中，$(k,22)=22/2=11(k=11)$，也就是 $-1 \pmod{23}$。

模 23 的指数为 1 的有 $\varphi(1)=1$ 个：1。即分别为 $(-2)^k \pmod{23}$，其中，$(k,22)=22/1=22(k=22)$。

例 3.16 请计算模 43 的缩系的每个元素的指数。

解：首先寻找模 43 的一个原根，从 2 开始计算。

因为 $\varphi(43)=42$，所以 $\mathrm{ord}_{43}(a)$ 可能为 1、2、3、6、7、14、21、42，

因为 $2^2 \equiv 4, 2^3 \equiv 8, 2^6 \equiv 21, 2^7 \equiv 42, 2^{14} \equiv 1 \pmod{43}$，所以 2 不是模 43 的原根。

因为 $3^2 \equiv 9, 3^3 \equiv 27, 3^6 \equiv 41, 3^7 \equiv 37, 3^{14} \equiv 36, 3^{21} \equiv 42 \pmod{43}$，

所以 3 是模 43 的原根。

接着依次计算 3 的幂，如表 3-12 所示。

表 3-12　3 的幂

k	$3^k \pmod{43}$	k	$3^k \pmod{43}$	k	$3^k \pmod{43}$
1	3	15	22	29	18
2	9	16	23	30	11
3	27	17	26	31	33
4	38	18	35	32	13
5	28	19	19	33	39
6	41	20	14	34	31
7	37	21	42	35	7
8	25	22	40	36	21
9	32	23	34	37	20
10	10	24	16	38	17
11	30	25	5	39	8
12	4	26	15	40	24
13	12	27	2	41	29
14	36	28	6	42	1

最后根据 k 的取值可以得到表 3-13。

表 3-13　根据 k 值计算 a

$\mathrm{ord}_{43}(a)$	a 的个数	a
1	$\varphi(1)=1$	1
2	$\varphi(2)=1$	42
3	$\varphi(3)=2$	6,36
6	$\varphi(6)=2$	7,37
7	$\varphi(7)=6$	4,11,16,21,35,41
14	$\varphi(14)=6$	2,8,22,27,32,39
21	$\varphi(21)=12$	9,10,13,14,15,17,23,24,25,31,38,40
42	$\varphi(42)=12$	3,5,12,18,19,20,26,28,29,30,33,34

整理一下，可以形成模 43 的指数表如表 3-14 所示。

表 3-14 模 43 指数表

a	$\text{ord}_{43}(a)$	a	$\text{ord}_{43}(a)$	a	$\text{ord}_{43}(a)$
1	1	15	21	29	42
2	14	16	7	30	42
3	42	17	21	31	21
4	7	18	42	32	14
5	42	19	42	33	42
6	3	20	42	34	42
7	6	21	7	35	7
8	14	22	14	36	3
9	21	23	21	37	6
10	21	24	21	38	21
11	7	25	21	39	14
12	42	26	42	40	21
13	21	27	14	41	7
14	21	28	42	42	2

定理 3.4 原根存在条件

模 m 有原根的存在的充要条件是 $m=2,4,p^\alpha$ 或 $2p^\alpha$,其中,p 是奇素数,整数 $\alpha \geqslant 1$。我们重点关注模 m 是奇素数时原根的计算技巧。

定理 3.5 设 p 是奇素数,$p-1=\prod_{k=1}^{s}p_k^{\alpha_k}$,$p_k$ 为不同素数,若 $(a,p)=1$,a 是模 p 的原根的充要条件是:

$$a^{\frac{p-1}{p_i}} \not\equiv 1 (\bmod\ p), \quad i=1,2,\cdots,k \tag{3-2}$$

证明:($\Rightarrow$) 若 a 是模 p 的一个原根,p 是奇素数,则 $\text{ord}_p(a)=\varphi(p)=p-1$,

因为 $0<\varphi(p)/p_i<\varphi(p)$,$p_i$ 为不同素数,$i=1,2,\cdots,k$,

所以根据定义 3.1,$a^{\frac{p-1}{p_i}} \not\equiv 1(\bmod\ p)$。

($\Leftarrow$) 若当 $a^{\frac{p-1}{p_i}} \not\equiv 1(\bmod\ p)$,$i=1,2,\cdots,k$ 成立时,$\text{ord}_p(a)<\varphi(p)=p-1$,

因为根据定理 3.1,$\text{ord}_p(a)|\varphi(p)$,设 $e=\text{ord}_p(a)$,

所以存在一个素数 p_i,使得 $p_i|(p-1)/e$,即 $(p-1)/e=q\times p_i$,即 $(p-1)/p_i=qe$,

所以存在 $a^{\frac{p-1}{p_i}} \equiv a^{qe} \equiv 1(\bmod\ p)$,与题设矛盾,

所以 $\text{ord}_p(a)=\varphi(p)$,即 a 是模 p 的一个原根。

证毕。

例 3.17 请计算模 113 的一个原根。

解:因为 $\varphi(113)=112=2^4*7$,所以只需计算 $a^{16},a^{56}(\bmod\ 113)$,

因为 $2^{16} \equiv 109, 2^{56} \equiv 1 (\bmod\ 113)$,所以 2 不是模 113 的原根,

因为 $3^{16} \equiv 49, 3^{56} \equiv -1 (\bmod\ 113)$,所以 3 是模 113 的原根。

例 3.18 请生成模 113 的缩系的所有元素的指数表。

解:根据例 3.17,3 是模 113 的原根,所以依次计算 3 的幂,如表 3-15 所示。

据此可以形成模 113 的指数表,如表 3-16 所示。

表 3-15 3 的幂

k	$3^k \pmod{113}$	k	$3^k \pmod{113}$	k	$3^k \pmod{113}$	k	$3^k \pmod{113}$	k	$3^k \pmod{113}$
1	3	24	4	47	43	70	95	93	89
2	9	25	12	48	16	71	59	94	41
3	27	26	36	49	48	72	64	95	10
4	81	27	108	50	31	73	79	96	30
5	17	28	98	51	93	74	11	97	90
6	51	29	68	52	53	75	33	98	44
7	40	30	91	53	46	76	99	99	19
8	7	31	47	54	25	77	71	100	57
9	21	32	28	55	75	78	100	101	58
10	63	33	84	56	112	79	74	102	61
11	76	34	26	57	110	80	109	103	70
12	2	35	78	58	104	81	101	104	97
13	6	36	8	59	86	82	77	105	65
14	18	37	24	60	32	83	5	106	82
15	54	38	72	61	96	84	15	107	20
16	49	39	103	62	62	85	45	108	60
17	34	40	83	63	73	86	22	109	67
18	102	41	23	64	106	87	66	110	88
19	80	42	69	65	92	88	85	111	38
20	14	43	94	66	50	89	29	112	1
21	42	44	56	67	37	90	87		
22	13	45	55	68	111	91	35		
23	39	46	52	69	107	92	105		

表 3-16 模 113 指数表

a	$\mathrm{ord}_{113}(a)$	a	$\mathrm{ord}_{113}(a)$	a	$\mathrm{ord}_{113}(a)$	a	$\mathrm{ord}_{113}(a)$	a	$\mathrm{ord}_{113}(a)$
1	1	24	112	47	112	70	112	93	112
2	28	25	56	48	16	71	16	94	112
3	112	26	56	49	7	72	56	95	8
4	14	27	112	50	56	73	16	96	112
5	112	28	7	51	56	74	112	97	14
6	112	29	112	52	56	75	112	98	4
7	14	30	7	53	28	76	112	99	28
8	28	31	56	54	112	77	56	100	56
9	56	32	28	55	112	78	16	101	112
10	112	33	112	56	28	79	112	102	56
11	56	34	112	57	28	80	112	103	112
12	112	35	16	58	112	81	28	104	56
13	56	36	56	59	112	82	56	105	28
14	28	37	112	60	28	83	14	106	7
15	4	38	112	61	56	84	112	107	112
16	7	39	112	62	56	85	14	108	112
17	112	40	16	63	56	86	112	109	7
18	8	41	56	64	14	87	56	110	112
19	112	42	16	65	16	88	56	111	28
20	112	43	112	66	112	89	112	112	2
21	112	44	8	67	112	90	112		
22	56	45	112	68	112	91	56		
23	112	46	112	69	8	92	112		

3.3 离散对数方程

定义 3.3 离散对数

设整数 $m>1$，g 是模 m 的一个原根，$(a,m)=1$，则存在唯一整数 r，$1 \leqslant r \leqslant \varphi(m)$，使
$$g^r \equiv a \pmod{m} \tag{3-3}$$
则 r 叫作以 g 为底的 a 对模 m 的一个离散对数，记为 $r=\mathrm{ind}_g a$。

如当 $m=7$，$g=3$ 时，有如表 3-17 所示数据。

表 3-17 $m=7$，$g=3$ 时数据表

k	1	2	3	4	5	6
$a=g^k$	3	2	6	4	5	1

即可以形成以 3 为底的模 7 的离散对数表，如表 3-18 所示。

表 3-18 以 3 为底的模 7 离散对数表

a	1	2	3	4	5	6
$\mathrm{ind}_g a$	0	2	1	4	5	3

【请你注意】

(1) $\mathrm{ind}_g a$ 也称为指标，有的也简单记为 $\mathrm{ind}\, a$，或者直接记为 $\log_g a$；

(2) $\mathrm{ind}_g a$ 与对数具有相似的性质，如

当 $\mathrm{ind}_g a=1$ 时，$a=g$；

$g^{\mathrm{ind}_g a} \equiv a \pmod{m}$；

$\mathrm{ind}_g a + \mathrm{ind}_g b = \mathrm{ind}_g(ab) \pmod{\varphi(m)}$ 等；

(3) 使得 $g^x \equiv a \pmod{m}$ 成立的所有整数 x 可表示为 $x \equiv \mathrm{ind}_g a \pmod{\varphi(m)}$。

例 3.19 请写出模 43 的离散对数表。

解：根据例 3.16，3 是模 43 的一个原根，根据 3 的幂，写出以 3 为底模 43 的离散对数表，如表 3-19 所示。

表 3-19 以 3 为底模 43 的离散对数表

十位＼个位	0	1	2	3	4	5	6	7	8	9
0		0	27	1	12	25	28	35	39	2
1	10	30	13	32	20	26	24	38	29	19
2	37	36	15	16	40	8	17	3	5	41
3	11	34	9	31	23	18	14	7	4	33
4	22	6	21							

例 3.20 请计算模 43 的 $\mathrm{ind}_3 28$，$\mathrm{ind}_3 37$。

解：根据例 3.19，查找十位数 2 所在的行和个位数 8 所在的列，交叉位置为 5，因此

$\text{ind}_3 28=5$；查找十位数 3 所在的行和个位数 7 所在的列，交叉位置为 7，因此 $\text{ind}_3 37=7$。

例 3.21 解方程 $x^5 \equiv 3 \pmod{7}$。

解：（法一）：$\text{ind}_3 x^5 \equiv \text{ind}_3 3 \pmod{\varphi(7)}$，即 $5\text{ind}_3 x \equiv 1 \pmod{6}$，

因为 $6=5\times 1+1$，所以 $5^{-1} \pmod{6} = -1$，所以 $\text{ind}_3 x \equiv -1 \equiv 5 \pmod{6}$，

因为以 3 为底模 7 的离散对数表如表 3-20 所示。

表 3-20 以 3 为底模 7 的离散对数表

a	1	2	3	4	5	6
$\text{ind}_g a$	0	2	1	4	5	3

所以 $x \equiv 5 \pmod{7}$。

当然，也可以利用以 5 为底模 7 的离散对数表，如表 3-21 所示。

表 3-21 以 5 为底模 7 的离散对数表

a	1	2	3	4	5	6
$\text{ind}_g a$	0	4	5	2	1	3

（法二）：$\text{ind}_5 x^5 \equiv \text{ind}_5 3 \pmod{\varphi(7)}$，即 $5\,\text{ind}_5 x \equiv 5 \pmod{6}$，

所以 $\text{ind}_5 x \equiv 1 \pmod{6}$，所以 $x \equiv 5 \pmod{7}$。

例 3.22 解方程 $x^{22} \equiv 23 \pmod{43}$。

解：利用例 3.19 的离散对数表有 $22\,\text{ind}_3 x \equiv \text{ind}_3 23 \equiv 16 \pmod{42}$，

所以化简得 $11\,\text{ind}_3 x \equiv 8 \pmod{21}$，所以 $\text{ind}_3 x \equiv 8 \times 2 \equiv 16 \pmod{21}$，

所以 $\text{ind}_3 x \equiv 16, 37 \pmod{42}$，所以 $x \equiv 20, 23 \pmod{43}$。其实就是 $x \equiv \pm 20 \pmod{43}$。

例 3.23 解方程 $6 \times 3^x \equiv 5 \pmod{7}$。

解：（法一）：$3^x \equiv 5 \times (-1) \equiv 2 \pmod{7}$，所以 $x\,\text{ind}_3 3 \equiv \text{ind}_3 2 \pmod{6}$，所以 $x \equiv 2 \pmod{6}$。

（法二）：$\text{ind}_3 6 + \text{ind}_3 3^x \equiv \text{ind}_3 5 \pmod{6}$，所以 $3 + x \equiv 5 \pmod{6}$，所以 $x \equiv 2 \pmod{6}$。

【思考】

k 为整数，求解 $x^k \equiv 1 \pmod{11}$。

提示：$\text{ind}_{11} x$ 是 $\varphi(11)$ 的因子，因此 $\text{ind}_{11}(x)$ 可能为 1、2、5、10，但是 k 的取值不只是 1、2、5、10，如 $x \equiv 1 \pmod{11}$ 一定是 $x^k \equiv 1 \pmod{11}$ 的解，此时 k 可以为任何整数。

例 3.24 解方程 $x^5 \equiv 3 \pmod{301}$。

解：$x^5 \equiv 3 \pmod{301} \Leftrightarrow \begin{cases} x^5 \equiv 3 \pmod{7} \\ x^5 \equiv 3 \pmod{43} \end{cases}$

所以根据例 3.21，$x \equiv 5 \pmod{7}$，

利用例 3.19 的离散对数表有 $5\,\text{ind}_{113} x \equiv \text{ind}_{113} 3 \equiv 1 \pmod{42}$，

有 $\text{ind}_{113} x \equiv 17 \pmod{42}$，$x \equiv 3^{17} \pmod{43} \equiv 26$，

所以根据孙子定理 $x \equiv 5 \times 43 \times 1 + 26 \times 7 \times (-6) \pmod{301} \equiv 26$。

例 3.25 解方程 $5^x \equiv 3 \pmod{301}$。

解：$5^x \equiv 3 \pmod{301} \Leftrightarrow \begin{cases} 5^x \equiv 3 \pmod{7} \\ 5^x \equiv 3 \pmod{43} \end{cases}$，

以 3 为底模 7 的离散对数表如表 3-22 所示。

表 3-22 以 3 为底模 7 的离散对数表

a	1	2	3	4	5	6
$\text{ind}_g a$	0	2	1	4	5	3

所以 $x \text{ind}_3 5 \equiv \text{ind}_3 3 \pmod 6$，所以 $5x \equiv 1 \pmod 6$，所以 $x \equiv 5 \pmod 6$，
利用例 3.19 的离散对数表有 $x \text{ ind}_3 5 \equiv \text{ind}_3 3 \equiv 1 \pmod{42}$，
所以 $25x \equiv 1 \pmod{42}$，$x \equiv -5 \equiv 37 \pmod{42}$，
因为 $x \equiv 5 \pmod 6 \equiv 5, 11, 17, 23, 29, 35, 41 \pmod{42}$，
所以此方程无解。

例 3.26 解方程 $5^x \equiv 12 \pmod{301}$。

解：$5^x \equiv 12 \pmod{301} \Leftrightarrow \begin{cases} 5^x \equiv 12 \equiv 5 \pmod 7 \\ 5^x \equiv 12 \pmod{43} \end{cases}$，

所以 $x \equiv 1 \pmod 6$，
所以 $x \text{ ind}_3 5 \equiv \text{ ind}_3 12 \pmod{42}$，所以 $25x \equiv 13 \pmod{42}$，所以 $x \equiv 19 \pmod{42}$，
因为 $x \equiv 1 \pmod 6 \equiv 1, 7, 13, 19, 25, 31, 37 \pmod{42}$，
所以 $x \equiv 19 \pmod{42}$。

【进一步的知识】 离散对数密码算法

现有的非对称密码算法的安全性大都是依赖数论中的一些难题：处理过程计算上的不可逆性(陷门)。

RSA 公钥密码算法依赖的就是因子分解难题：对于大整数，已知 p, q，就可以很直接地计算出 $n = p \times q$，但如果已知的是 n，分解出 n 的因子，计算是非常耗时的，并没有快速有效的算法。

离散对数问题也是一个数学难题：已知模 n 的原根 g，给定整数 r，计算出 $a \equiv g^r \pmod n$ 很简单，但若已知 n, g, a，计算出整数 r 就非常困难。

ElGamal 公钥密码算法就是依赖于上述离散对数难题，具体过程描述如下。

1. 生成公钥和私钥

(1) 选择大整数 p 和 p 的一个原根 g；
(2) 随机选取整数 a，$1 < a < p-1$，计算 $b \equiv g^a \pmod p$；
(3) (p, g, b) 为公钥，a 为私钥。

2. ElGamal 公钥密码算法进行加密/解密

(1) 加密：将信息表示为整数 m，$0 \leqslant m \leqslant p-1$，随机选择整数 k，$1 \leqslant k \leqslant p-1$，计算出 $c_1 \equiv g^k \pmod p$，$c_2 \equiv m \times b^k \pmod p$，加密后的密文为 $c = (c_1, c_2)$。
(2) 解密：解密后的明文为 $m \equiv c_2 \times (c_1^a)^{-1} \pmod p$。

证明：因为 $c_2 \times (c_1^a)^{-1} \pmod p \equiv mb^k(g^{ka})^{-1} \equiv mg^{ak}(g^{ak})^{-1} \equiv m \pmod p$，
所以解密变换能正确从密文恢复出相应的明文，证毕。

例 3.27 选择素数 p 为 4519 和其原根 $g = 3$，私钥 $a = 111$，请计算：

(1) 公钥 b；
(2) 选择随机整数 $k=891$，将字母"A"加密后发送；
(3) 对收到的密文进行解密验证。

解：(1) $b \equiv g^a \pmod{p} \equiv 638$；
(2) 要加密字母"A"，即明文 $m=65$，则 $c_1 \equiv g^k \pmod{p} \equiv 2577$，
$c_2 \equiv m \times b^k \equiv 65 \times 638^{891} \equiv 65 \times 3274 \equiv 417 \pmod{p}$，
所以，密文为 $(2577, 417)$；
(3) 解密：$m \equiv c_2 \times (c_1^a)^{-1} \equiv 417 \times 2577^{-111} \equiv 417 \times 3274^{-1} \equiv 417 \times 1539 \equiv 65 \pmod{4519}$；
密文被解密成字母"A"。

Diffie-Hellman 密钥协商机制也依赖离散对数问题，实现发送方 A 和接收方 B 随机产生一个只有两人知道的共同的密钥。它是 W. Diffie 和 M. E. Hellman 在 1976 年提出的一个奇妙的密钥交换的协议，通信双方可以使用这个机制确定对称密钥，然后使用这个密钥进行加密和解密。其具体过程描述如下。

1. 初始化

(1) 选择大素数 p，计算其一个原根 g；
(2) A 产生一个随机数 x_A，$1 \leqslant x_A < p$，作为私钥；计算公钥 $y_A \equiv g^{x_A} \pmod{p}$；
(3) B 产生一个随机数 x_B，$1 \leqslant x_B < p$，作为私钥；计算公钥 $y_B \equiv g^{x_B} \pmod{p}$。

2. 计算共享密钥

(1) A 利用自己的私钥 x_A 和 B 的公钥 y_B，计算加密密钥 $K_A \equiv y_B^{x_A} \equiv g^{x_A \times x_B} \pmod{p}$；
(2) B 利用自己的私钥 x_B 和 A 的公钥 y_A，计算加密密钥 $K_B \equiv y_A^{x_B} \equiv g^{x_A \times x_B} \pmod{p}$。
所以 A 和 B 各自生成的密钥 $K_A \equiv K_B$，可以用作对称加密密钥。第三方只能获取 p, g，$g^{x_A} \pmod{p}, g^{x_B} \pmod{p}$，无法求得 $g^{x_A \times x_B} \pmod{p}$。

例 3.28 选择素数 p 为 4519 和其原根 $g=3$，A 选择私钥 $x_A = 36$，B 选择私钥 $x_B = 58$，请利用仿射密码（$c \equiv Km \pmod{p}$ 和 $m \equiv K^{-1}c \pmod{p}$）和指数密码（$c \equiv m^K \pmod{p}$ 和 $m \equiv c^{K^{-1} \pmod{p-1}} \pmod{p}$）实现字母"A"的传递。

解：(1) A 计算公钥：$y_A \equiv g^{x_A} \pmod{p} \equiv 3^{36} \pmod{4519} \equiv 3975$，
 B 计算公钥：$y_B \equiv g^{x_B} \pmod{p} \equiv 3^{58} \pmod{4519} \equiv 1163$。
(2) A 计算加密密钥：$K_A \equiv y_B^{x_A} \pmod{p} \equiv 1163^{36} \pmod{4519} \equiv 1627$，
 B 计算解密密钥：$K_B \equiv y_A^{x_B} \pmod{p} \equiv 3975^{58} \pmod{4519} \equiv 1627$。
(3) A 利用 K_A 使用仿射密码加密"A"：
即明文 $m=65$，则 $c \equiv Km \pmod{p} \equiv 1627 \times 65 \pmod{4519} \equiv 1818$。
A 将"1818"发送给 B；
B 利用 K_B 使用仿射密码解密"1818"：
因为 $4519 = 1627 \times 3 - 362, 1627 = 362 \times 4 + 179, 362 = 179 \times 2 + 4, 179 = 4 \times 45 - 1$，
所以 $1 = 4 \times 45 - 179 = (362 - 179 \times 2) \times 45 - 179 = 362 \times 45 - 179 \times 91$
$= 362 \times 45 - (1627 - 362 \times 4) \times 91 = 362 \times 409 - 1627 \times 91$
$= (1627 \times 3 - 4519) \times 409 - 1627 \times 91 = 1627 \times 1136 - 4519 \times 409$，

所以 $K^{-1} \pmod{p} \equiv 1627^{-1} \pmod{4519} \equiv 1136$,
则 $m \equiv K^{-1}c \pmod{p} \equiv 1136 \times 1818 \pmod{4519} \equiv 65$;
B 恢复出明文"A"。

(4) A 利用 K_A 使用指数密码加密"A":
所以 $c \equiv m^K \pmod{p} \equiv 65^{1627} \pmod{4519} \equiv 2836$,
所以 A 将"2836"发送给 B。
B 利用 K_B 使用指数密码解密"2836":
因为 $4518 = 1627 \times 3 - 363, 1627 = 363 \times 4 + 175, 363 = 175 \times 2 + 13$,
$175 = 13 \times 13 + 6, 13 = 6 \times 2 + 1$,
所以 $1 = 13 - 6 \times 2 = 13 - (175 - 13 \times 13) \times 2 = 13 \times 27 - 175 \times 2$
$= (363 - 175 \times 2) \times 27 - 175 \times 2$
$= 363 \times 27 - 175 \times 56 = 363 \times 27 - (1627 - 363 \times 4) \times 56 = 363 \times 251 - 1627 \times 56$
$= (1627 \times 3 - 4518) \times 251 - 1627 \times 56 = 1627 \times 697 - 4518 \times 251$,
所以 $K^{-1} \pmod{p-1} \equiv 1627^{-1} \pmod{4518} \equiv 697$,
所以 $m \equiv c^{K^{-1} \pmod{p-1}} \pmod{p} \equiv 2836^{697} \pmod{4519} \equiv 65$,
B 恢复出明文"A"。

小结

本章以解离散对数方程为目的,研究了原根与指数,主要内容可以归纳为以下 4 个要点。

1. 指数与原根

1) 指数
(1) $(a,m)=1$,使 $a^k \equiv 1 \pmod{m}$ 成立的最小正整数 k,写作 $\text{ord}_m(a)$ 或 $\delta_m(a)$;
(2) 指数整除欧拉函数;
(3) 等指数:模 m 同余、互逆的数的指数相同。

2) 原根
(1) 模 m 的缩系中指数与欧拉函数相等的数;
(2) 模 m 有原根的必要条件是 $m=2,4,p^\alpha$ 或 $2p^\alpha$,其中,p 是奇素数,$\alpha \geq 1$。

2. 指数与原根的计算技巧

1) 计算指数的技巧
(1) 幂指数从小到大取欧拉函数的因数试算,直到幂等于 1;
(2) $(m,n)=1,(a,mn)=1$,则 $\text{ord}_{mn}(a) = [\text{ord}_m(a), \text{ord}_n(a)]$;
(3) $(ab,m)=1,(\text{ord}_m(a),\text{ord}_m(b))=1$,则 $\text{ord}_m(ab) = \text{ord}_m(a)\text{ord}_m(b)$;
(4) $(a,m)=1, k \in \mathbf{Z}^+$,则 $\text{ord}_m(a^k) = \text{ord}_m(a)/(k,\text{ord}_m(a))$。

2) 计算原根的技巧
p 是奇素数,$p-1 = \prod_{k=1}^{s} p_k^{\alpha_k}$,若 $(a,p)=1$,

a 是模 p 的原根 $\Leftrightarrow a^{\frac{p-1}{p_k}} \not\equiv 1 (\bmod p), k=1,2,\cdots,s$。

3. 指数与原根的计算价值

(1) 指数的价值：幂指数化简。
(2) 原根 g 的价值：
① 生成元：生成缩系的所有元素，$\{g^k | k \in \mathbf{Z}\}$。
② k 与 g^k 形成一一映射。
③ 可以根据幂指数 k 对模 m 的缩系元素分类。
④ k 遍历 $\varphi(m)$ 的缩系，g^k 遍历模 m 的原根。
⑤ 可以计算出模 m 的缩系的所有元素的指数。

4. 利用离散对数表解高阶指数方程

(1) 离散对数：$g^r \equiv a \pmod{m}$，$r = \text{ind}_g a$，要求 g 是原根和 $(a, m) > 1$。
(2) 类似对数解指数方程：
① 原根为底，"≡"左右取离散对数，模变欧拉函数。
② 未知数 x 位于底数，解的模为 m；x 位于指数，解的模为 $\varphi(m)$。

作业

1. 请计算下面的指数：
(1) $\text{ord}_{11}(5)$ (2) $\text{ord}_{77}(5)$ (3) $\text{ord}_{121}(5)$
(4) $\text{ord}_{36}(5)$ (5) $\text{ord}_{36}(25)$ (6) $\text{ord}_{36}(55)$

2. 请写出模 47 的所有原根。

3. 请找到模 101 的一个原根，并写出缩系中指数为 5 的所有元。

4. 请建立模 17 的离散对数表，并求解方程 $7x^6 \equiv 11 \pmod{17}$。

5. 利用模 43 的离散对数表求解：
(1) $x^6 \equiv 11 \pmod{43}$ (2) $6^x \equiv 11 \pmod{43}$
(3) $5x^6 \equiv 11 \pmod{43}$ (4) $6^{5x} \equiv 11 \pmod{43}$

6. k 为整数，求解 $x^k \equiv 1 \pmod{11}$。

7. 写出所有整数 m，使得关于 x 的同余方程 $mx^5 \equiv 7 \pmod{29}$ 有解。

8. 设使用 ElGamal 公钥密码进行消息传输，私钥为 (641, 3, 15)，请问：
(1) 公钥为多少？
(2) 选择随机整数 $k=123$，字母"A"被转换为的密文是什么？
(3) 你能通过解密过程验证第(2)步中加密计算的正确性吗？

9. 设 Diffie-Hellman 密钥交换协议中，公用素数 $p=17$，原根 g 为 3，若用户 A 的公钥 $y_A = 9$，则 A 的私钥 x_A 为多少？若 B 的公钥 $y_B = 9$，则加密密钥 K_A 和 K_B 为多少？

10. 请设计实现建立某个数字的离散对数表的程序，完成：
(1) 写出该程序的关键步骤(功能模块)。
(2) 求出 967 的原根中最小的一个 g，建立其离散对数表，根据该表，计算出 $\text{ind}_g(15)$，

求解 $x^6 \equiv 11 \pmod{967}$。

(3) 977 有原根吗,987 呢?

11. Hash 函数(散列函数)可将任意长度的消息映射成固定长度的消息。Chaum、Heijst 和 Pfitzmann 在 1992 年提出利用离散对数可以构造 Hash 函数,构造的具体方法如下。

设 p 是一个大素数,$q=(p-1)/2$ 也是一个素数,a 和 b 为模 p 的两个原根,定义 Hash 函数为 $h(x_1,x_2)=a^{x_1} \times b^{x_2} \pmod{p}$。

设 x_1 和 x_2 是两个不同的消息,如果 $h(x_1)=h(x_2)$,则称 x_1 和 x_2 是一个碰撞。

可以证明前述 Hash 函数是抗碰撞的,这是因为若 (x_1,x_2) 和 (x_3,x_4) 是一对碰撞消息(即 $(x_1,x_2)\neq(x_3,x_4)$ 时 $h(x_1,x_2)=h(x_3,x_4)$),可以计算出 $\text{ind}_a b$,与"离散对数的计算是一个难题"矛盾。

(1) 你能计算出 $\text{ind}_a b$ 吗?

(2) 为什么要求 $(p-1)/2$ 也是一个素数?

12. 定点攻击的实现在 RSA 公钥密码机制中,设 B 的公钥为 (n,e),私钥为 (n,d)。A 将明文 M 用 B 的公钥加密为密文 C 后,发送给 B,但中途被 C 截获,C 截获后不知 d,故无法将 C 直接还原为 M,就反复计算 C 的 e 次幂,可以将 C 还原为明文 M,实现攻击,请问:

(1) 实现攻击的数学原理是什么(C 如何可以计算出原来的明文 M)?

(2) 可以对哪些参数采取限制条件减少攻击成功的可能性?

第4章 素性检验

【教学目的】
掌握拟素数的概念,能够利用概率检验法实现素性检验。
【教学要求】
通过本章的学习,读者能够:
(1) 识记:拟素数的基本概念。
(2) 领会:确定检验法与概率检验法的区别,现有概率检验法的理论基础与发展历程。
(3) 简单应用:使用 Miller-Rabin 素性检验程序实现素性检验。
(4) 综合应用:利用素性检验程序生成 RSA 密码算法需要的大素数。
【学习重点与难点】
本章重点与难点是概率性素性检验的价值,Miller-Rabin 素性检验法。
所谓素性检验,又称为素性判别、素性检测,研究如何有效地确定一个给定的整数是素数还是合数。

在正式开始本章学习之前,请思考下面三个问题。

(1) 我们知道 7、41、97 是素数,4、35、91 是合数,那么,65 539 是素数还是合数? 4 294 967 299 呢?

(2) 对于一个整数可以进行唯一分解,其实就是素因数分解,如 $12=2^2\times 3$,$24=2^3\times 3$,那么 65 541 呢? 实际上 $65\ 541=3\times 21\ 847=3\times 7\times 3121$,你需要判断出 65 541 是一个合数,找到最小的素因子 3,再判断出 21 847 是一个合数,找到其最小素因子 7,最后判断出 3121 是一个素数,分解停止。

(3) RSA 密码机制的第一步是选择两个大素数 p 和 q,为抵抗暴力破解,目前最低要求是 1028 位,生成素数的程序应该如何设计? 有哪些难点?

素数在数论中的地位非常重要,是很多定理、算法的基础,自古以来数学家都在致力于解决寻找素数的问题,梦想发明能够计算出素数的公式。到了高斯时代,基本上确认了简单的素数公式是不存在的。目前,寻找素数主要通过素性检验实现。

判断一个数字是素数还是合数最简单直接的办法就是试除法,尝试寻找该数的因子。素性检验通常借助合数检验,**通过判断出该数是合数来证明它不是素数**。

素性检验分为确定性素性检验和概率性素性检验。前者可以肯定地得出被检验数是素数还是合数的结论。概率性检验是指判定正确的概率非常大,即如果将一个数字判断为素数,则它是合数(判断错误)的概率小于很小的一个数。概率性素性检验的价值在于它保证以下两点。

(1) 比确定性素性检验快得多;
(2) 判断错误的概率非常非常小。

目前实际应用中广泛使用的均是概率性检验。本章先从我们熟悉的确定性检验开始讲起。

4.1 确定性素性检验法

1. 整除素性检验法

定理 4.1 设 n 是一个正合数,p 是 n 的一个最小正因数,则 p 一定是一个素数,且 $p \leqslant \sqrt{n}$。

证明:因为 p 是 n 的一个最小正因数,因为 n 是一个正合数,所以 $p>1$,
所以若 p 不是素数,则 $\exists a | p, a \in \mathbf{Z}^+, a>1$,
所以 $a<p$,与 p 是 n 的一个最小正因数矛盾。
所以 p 一定是一个素数,不妨设 $n = pq, q \in \mathbf{Z}^+$,所以 $n = pq \geqslant pp$,所以 $\sqrt{n} \geqslant p$,
所以 p 一定是一个素数,且 $\sqrt{n} \geqslant p$。证毕。

设 $n \in \mathbf{Z}^+, n \geqslant 1$,如果 $\forall$ 素数 $p, p \leqslant \sqrt{n}$,都有 $p \nmid n$,则 n 一定是素数。

例 4.1 证明 191 是素数。

解:因为 $13^2 = 169, 14^2 = 196$,所以若 191 是合数,则其最小正因子 p 是素数,且 $p \leqslant 13$,
因为 2,3,5,7,11,13 均不整除 191,
所以 191 是素数。

【不妨一试】 整除检验程序

你能设计一个简单的小程序实现整除检验法,并判断出 65 537 和 65 539 是素数吗? 262 141 和 262 143 呢? 4 294 967 299 呢?

请记录程序的运行时间,分析耗时突增的原因,并尝试改进程序。

2. 埃拉托斯特尼(Eratosthenes)筛法

此方法据说是古希腊的埃拉托斯特尼(Eratosthenes,约公元前 274—194 年)发明的,可以求出所有不超过 $N(N>1)$ 的素数。

例 4.2 求出小于 100 的所有素数。

解:(1) 将大于 2 而小于 100 的所有自然数按序排列:

	2	3	4	5	6	7	8	9	10
11	12	13	14	15	16	17	18	19	20
21	22	23	24	25	26	27	28	29	30
31	32	33	34	35	36	37	38	39	40
41	42	43	44	45	46	47	48	49	50
51	52	53	54	55	56	57	58	59	60
61	62	63	64	65	66	67	68	69	70
71	72	73	74	75	76	77	78	79	80
81	82	83	84	85	86	87	88	89	90
91	92	93	94	95	96	97	98	99	

(2) 第一个数 2 是素数留下,而把 2 后面所有能被 2 整除的数都划去:

	2	3	4̶	5	6̶	7	8̶	9	1̶0̶
11	1̶2̶	13	1̶4̶	15	1̶6̶	17	1̶8̶	19	2̶0̶
21	2̶2̶	23	2̶4̶	25	2̶6̶	27	2̶8̶	29	3̶0̶
31	3̶2̶	33	3̶4̶	35	3̶6̶	37	3̶8̶	39	4̶0̶
41	4̶2̶	43	4̶4̶	45	4̶6̶	47	4̶8̶	49	5̶0̶
51	5̶2̶	53	5̶4̶	55	5̶6̶	57	5̶8̶	59	6̶0̶
61	6̶2̶	63	6̶4̶	65	6̶6̶	67	6̶8̶	69	7̶0̶
71	7̶2̶	73	7̶4̶	75	7̶6̶	77	7̶8̶	79	8̶0̶
81	8̶2̶	83	8̶4̶	85	8̶6̶	87	8̶8̶	89	9̶0̶
91	9̶2̶	93	9̶4̶	95	9̶6̶	97	9̶8̶	99	

(3) 2 后面留下的第一个数是 3,3 一定是素数,留下,而把 3 后面所有能被 3 整除的数都划去:

	2	3	5	7	9̶
11	13	1̶5̶	17	19	
2̶1̶	23	25	2̶7̶	29	
31	3̶3̶	35	37	3̶9̶	
41	43	4̶5̶	47	49	
5̶1̶	53	55	5̶7̶	59	
61	6̶3̶	65	67	6̶9̶	
71	73	7̶5̶	77	79	
8̶1̶	83	85	8̶7̶	89	
91	9̶3̶	95	97	9̶9̶	

(4) 3 后面留下的第一个数是 5,5 一定是素数,留下,而把 5 后面所有能被 5 整除的数都划去:

	2	3	5	7
11	13		17	19
	23	2̶5̶		29
31		3̶5̶	37	
41	43		47	49
	53	5̶5̶		59
61		6̶5̶	67	
71	73		77	79
	83	8̶5̶		89
91		9̶5̶	97	

(5) 5 后面留下的第一个数是 7,7 一定是素数,留下,而把 7 后面所有能被 7 整除的数都划去:

	2	3	5	7
11	13		17	19
	23			29
31			37	
41	43		47	~~49~~
	53			59
61			67	
71	73		~~77~~	79
	83			89
~~91~~			97	

(6) 7 后面留下的第一个数是 11,11 一定是素数,但 $11^2 > 100$,所以埃拉托斯特尼筛去合数的处理结束,剩余的所有数字就是 100 以内的素数:2、3、5、7、11、13、17、19、23、29、31、37、41、43、47、53、59、61、67、71、73、79、83、89、97,一共 25 个。

【不妨一试】 埃拉托斯特尼筛法程序

你能设计一个简单的小程序实现埃拉托斯特尼筛法,并给出 2000 内所有的素数吗?在你的程序中,是怎么实现将素数的倍数筛掉的呢?

与前面的整除检验法相比,两种算法优缺点各是什么?共同的缺点是什么?

请分析算法复杂度,如何让程序的运算效率更高?

【你应该知道的】

(1) 素性检验法都是通过排除该数是合数的可能来证明它是素数;

(2) 整除检验法又叫古典检验法,它也是埃拉托斯特尼筛法的依据。

3. 威尔逊阶乘素性检验法

根据 Wilson 定理:p 为素数 $\Leftrightarrow p \in Z^+, p \geq 2, (p-1)! \equiv -1 \pmod{p}$

例 4.3 191 是一个素数吗?

解:因为 $190! \pmod{191} \equiv (-1)^{190/2}((190/2)!)^2 \equiv -(95!)^2 \equiv -1 \pmod{191}$,

所以 191 是素数。

【不妨一试】 Wilson 阶乘素性检验程序

你能设计一个简单的小程序实现 Wilson 阶乘素性检验法,并判断出 65 537 和 65 539 是一个素数吗?262 141 和 262 143 呢?4 294 967 299 呢?

是整除素性检验法时间复杂度更高,还是 Wilson 阶乘素性检验法更高呢?

程序设计过程中请注意以下两点。

(1) 数据溢出问题,对输入整数 N 请不要简单计算:$(((N-1)/2)!)\wedge 2 \% N$。

(2) 同余运算符的计算结果通常为正数,不能简单判断最后结果是不是 -1。

4. 莱梅检验法

欧拉函数和欧拉定理也可以作为素性检验的依据:$\varphi(m) = m-1 \Leftrightarrow m$ 为素数。

定理 4.2 莱梅检验法

正奇数 $p > 1$,设 $p-1 = \prod_{i=1}^{s} p_i^{\alpha_i}$,$\forall \alpha_i \in \mathbf{Z}, \alpha_i \geq 0$,$p_i$ 均为素数,若存在整数 b_i 对每一个

p_i 均满足：

$$b_i^{\frac{p-1}{p_i}} \not\equiv 1 (\bmod\ p) \quad \text{和} \quad b_i^{p-1} \equiv 1 (\bmod\ p) \tag{4-1}$$

则 p 是素数。

证明：只需要证明此时 $\varphi(p)=p-1$，也就是 $p-1|\varphi(p)$ 和 $\varphi(p)|p-1$。

首先假设 $p-1\nmid\varphi(p)$，设 $p_i^r|p-1$，且 $p_i^r\nmid\varphi(p)$，设 $\mathrm{ord}_p(b_i)=k_i$，则根据

$$b_i^{\frac{p-1}{p_i}} \not\equiv 1 (\bmod\ p) \quad \text{和} \quad b_i^{p-1} \equiv 1 (\bmod\ p)$$

有 $k_i|p-1$ 和 $k_i\nmid\dfrac{p-1}{p_i}$，所以 $p_i|k_i$，否则 $k_i\bigg|\dfrac{p-1}{p_i}$，矛盾；

所以有 $p_i^r|k_i$，否则设 $p_i^{r-j}|k_i(0<j<r)$，有 $\dfrac{p-1}{p_i}=p_i^r q/p_i=p_i^{r-1}q$，

所以 $r-j>r-1$，所以 $j<1$，所以 $j=0$，即 $p_i^r|k_i$；

因为 $k_i|\varphi(p)$，所以 $p_i^r|\varphi(p)$，矛盾，所以 $p-1|\varphi(p)$；

再因为 $\varphi(p)\leqslant p-1$，所以 $\varphi(p)=p-1$。证毕。

例 4.4 191 是一个素数吗？

证明：$191-1=190=2\times 5\times 19$，

取 $b_0=2$，有 $2^{190}\equiv 1 \ (\bmod\ 191)$，对于 $p_1=2$，有 $2^{95}\equiv 1 \ (\bmod\ 191)$，失败；

取 $b_1=189=191-2, 189^{190}\equiv(-2)^{190}\equiv 1 \ (\bmod\ 191)$

对于 $p_1=2, 189^{95}\equiv(-2)^{95}\equiv -1 \ (\bmod\ 191)$

对于 $p_2=5, 189^{38}\equiv(-2)^{38}\equiv 49 \ (\bmod\ 191)$

对于 $p_3=19, 189^{10}\equiv(-2)^{10}\equiv 69 \ (\bmod\ 191)$，成功。

所以 191 是素数。

【请你注意】

定理 4.2 是素性检验的充分非必要条件。

如在例 4.4 中，有 $2^{190}\equiv 1(\bmod\ 191)$ 和 $2^{190/2}\equiv 1(\bmod\ 191)$，不满足定理 4.2，但不能判断 191 就不是素数。而 $189^{190}\equiv 1 \ (\bmod\ 191)$，$189^{190/2}\not\equiv 1 \ (\bmod\ 191)$，$189^{190/5}\not\equiv 1 \ (\bmod\ 191)$ 和 $189^{190/19}\not\equiv 1 \ (\bmod\ 191)$ 同时成立，满足定理 4.2，则 191 是一个素数。

因此使用定理 4.2 进行素性检验的关键是找到一个使式(4-1)成立的底数。

【进一步的知识】 其他确定性素性检验方法

实际上，普罗兹(Proth)对莱梅检验法做了进一步改进，波克林顿(Pocklington)又对普罗兹检验法再次进行了改进。

目前确定性素性检验领域，最强有力的使用算法之一是分圆域素性检验。2002 年 8 月，印度 Manindra Agrawal 和他的两个学生 Neeraj Kayal 和 Nitin Sanexa 设计了一个被称为 AKS 的算法，是素性检验领域的一个重要突破，该算法时间复杂度为多项式时间。

这些知识这里不再赘述，请读者自行查阅相关资料。

确定性素性检验面临的最大挑战就是时间复杂度问题，被认为最快的 AKS 算法的时间复杂度虽然是多项式级，但目前仍然只有理论意义。在实际工作中，使用的是从费马素性检验法衍生的各种概率性素性检验法。

4.2 概率性素性检验法

在 16 世纪,费马证明了:如果 n 是一个素数,则 $\forall b \in \mathbf{Z}$ 有 $b^n \equiv b \pmod{n}$,即著名的费马小定理。对绝对值小于素数 n 的整数 b,一定有 $(b,n)=1$,该等式可转化为 $b^{n-1} \equiv 1 \pmod{n}$。

如果像 Wilson 定理一般,费马小定理逆向也成立,就可以得到一个简单有效的素性检验方法。即若"$\forall b \in \mathbf{Z}, (b,n)=1$ 有 $b^{n-1} \equiv 1 \pmod{n}$,则 n 是一个素数"这个命题成立,就可以快速验证 n 是否是一个素数。如 $b=3$,$3^{10} \equiv 1 \pmod{11}$,$(3,12)>1$,$3^{12} \equiv 1 \pmod{13}$,$3^{13} \equiv 3 \not\equiv 1 \pmod{14}$,所以 12 和 14 是合数,11 和 13 是素数。

很不幸,这个命题不成立,1819 年,一位法国数学家萨鲁斯发现 $2^{340} \equiv 1 \pmod{341}$,但是 $341=11\times 31$,自此以后,陆续发现了很多反例,如 $3^{90} \equiv 1 \pmod{91}$ 但 $91=7\times 13$,$4^{14} \equiv 1 \pmod{15}$ 但 $15=3\times 5$,等等。

因此,$\forall b \in \mathbf{Z}, (b,n)=1$,有 $b^{n-1} \equiv 1 \pmod{n}$ 有:

(1) 若等式不成立,则 n 一定不是素数;

(2) 若等式成立,则 n 不一定是素数。

若用等式 $b^{n-1} \equiv 1 \pmod{n}$ 是否成立来判断 n 是否是素数,必然存在合数 n 被判断为素数,这种通过了素性检验的合数就被叫作拟素数。

定义 4.1 基 b 的拟素数

若 n 是一个奇合数,$\exists b \in \mathbf{Z}$,有 $(b,n)=1$,且 $b^{n-1} \equiv 1 \pmod{n}$,则 n 叫作**基 b 的拟素数**。

例 4.5 341 叫作基 2 的拟素数,91 叫作基 3 的拟素数,15 叫作基 4 的拟素数。

1. 费马概率检验法

对于随机选取的整数 b_0,$(b_0,n)=1$ 且 $b_0^{n-1} \equiv 1 \pmod{n}$,则 n 是合数的可能性小于 50%,即 n 是素数的概率大于 50%。若再随机选择一个整数 b_1,有 $(b_1,n)=1$ 且 $b_1^{n-1} \equiv 1 \pmod{n}$,则 n 是素数的概率大于 $1-\dfrac{1}{2^2}=75\%$。因此,可以进行多次重复检验,提高 n 是素数的概率。

综上所述,可以得到费马素性检验法:

Fermat_Prime_Test(n,t)

输入:奇数 $n \geqslant 3$,安全参数 t

输出:n 是否是素数,n 是素数的概率

1. 素性检验的次数 num$=0$;
2. 选择随机整数 b,$2 \leqslant b \leqslant n-2$;
3. 计算 $g=\mathrm{GCD}(b,n)$;
4. 若 $g>1$,则 n 是合数,返回 F;
5. 计算 $r \equiv b^{n-1} \pmod{n}$;
6. 若 $r \neq 1$,则 n 是合数,返回 F;
7. 素性检验的次数 num$=$num$+1$;
8. 如果 num$<t$,转到 2;
9. n 可能是素数,返回 T 和 n 是素数的概率 $1-(1/2)$^num。

【进一步知识】 基 b 的拟素数

基 b 的拟素数有无穷多个。数学家马洛(Malo)在 1903 年用构造性的方法对此加以证明:如果 n 是拟素数,那么 2^n-1 也是。不过,与素数相比,拟素数的个数非常少。如在前 10 亿个自然数中,基 2 的拟素数的个数约为素数的万分之一,同时为基 2 和基 3 的拟素数的个数不到素数的十万分之三。

在费马素性检验的过程中,人们惊奇地发现,存在一些合数 n, $\forall b \in \mathbf{Z}, (b,n)=1$ 时都有 $b^{n-1} \equiv 1 \pmod{n}$,即 n 是基任意与 n 互素的整数 b 的拟素数,这样的数 n 作**卡米歇尔 (Carmichael)数**。如整数 $561 = 3 \times 11 \times 17$ 就是一个卡米歇尔数。

这是因为 $\forall b \in \mathbf{Z}, (b,561)=1$,有 $(b,3)=1, (b,11)=1, (b,17)=1$,根据费马小定理,有:

$$b^2 \equiv 1 \pmod{3}, \quad b^{10} \equiv 1 \pmod{11}, \quad b^{16} \equiv 1 \pmod{17},$$

从而

$$b^{560} \equiv (b^2)^{280} \equiv 1 \pmod{3},$$
$$b^{560} \equiv (b^{10})^{56} \equiv 1 \pmod{11},$$
$$b^{560} \equiv (b^{16})^{35} \equiv 1 \pmod{17},$$

则有

$$b^{560} \equiv 1 \pmod{561}。$$

卡米歇尔数就更少了,10 亿之内,只有 646 个。

2. 莱曼(Lehmann)素性检验法

在费马素性检验的基础上,莱曼进行了进一步的运算优化:

Lehmann_Prime_Test(n,t)
输入:奇数 $n \geqslant 3$,安全参数 t
输出:n 是否是素数,n 是素数的概率
1. 素性检验的次数 num=0;
2. 选择随机整数 $b, 2 \leqslant b \leqslant n-2$;
3. 计算 $g = \text{GCD}(b,n)$;
4. 若 $g>1$,则 n 是合数,返回 F;
5. 计算 $r \equiv b^{(n-1)/2} \pmod{n}$;
6. 若 $r \neq 1$ 或 $n-1$,则 n 是合数,返回 F;
7. 素性检验的次数 num=num+1;
8. 如果 num<t,转到 2;
9. n 可能是素数,返回 T 和 n 是素数的概率 $1-(1/2)$^num。

【思考】

莱曼素性检验法与费马素性检验法的异同是什么?莱曼素性检验法依托的数学原理应该怎样表达?

3. 米勒-拉宾(Miller-Rabin)素性检验

设 n 是一个奇素数,根据费马小定理,对一个 $(b,n)=1$ 的整数 b,有 $b^{n-1} \equiv 1 \pmod{n}$,设 $n-1=2^s t$, t 为奇数,则可以对 $b^{n-1}-1$ 进行因式分解:

$$b^{n-1}-1 = b^{2^s t}-1 = (b^{2^{s-1}t}+1)(b^{2^{s-1}t}-1) = (b^{2^{s-1}t}+1)(b^{2^{s-2}t}+1)(b^{2^{s-2}t}-1)$$

$$= (b^{2^{s-1}t}+1)(b^{2^{s-2}t}+1)\cdots(b^{2t}+1)(b^t+1)(b^t-1)$$
$$\equiv 0 \pmod{n} \tag{4-2}$$

所以以下同余式至少有一个成立：
$$\begin{cases} b^t \equiv 1 \pmod{n} \\ b^t \equiv -1 \pmod{n} \\ b^{2t} \equiv -1 \pmod{n} \\ \vdots \\ b^{2^{s-2}t} \equiv -1 \pmod{n} \\ b^{2^{s-1}t} \equiv -1 \pmod{n} \end{cases} \tag{4-3}$$

定义 4.2 基 b 的强拟素数

若 n 是一个奇合数，$n-1=2^s t$，$s\in \mathbf{Z}^+$，t 为奇数，存在 $(b,n)=1$ 的整数 b，满足 $b^t\equiv \pm 1 \pmod{n}$，或 $\exists r\in \mathbf{Z}$，$1\leqslant r\leqslant s-1$，使得 $b^{2^r t}\equiv -1 \pmod{n}$，则 n 叫作**基 b 的强拟素数**。

例 4.6 191 是基 2 的强拟素数吗？

解：因为 $191-1=190=2\times 95$，$2^{95} \pmod{191} \equiv 1$，所以 191 是基 2 的强拟素数。

例 4.7 2041 是基 3 的强拟素数吗？

解：因为 $2041-1=2040=2^3\times 255$，$(3,2041)=1$，

因为 $3^{255}\equiv 1652\not\equiv \pm 1$，$3^{510}\equiv 1652^2\equiv 287\not\equiv -1$，$3^{1020}\equiv 287^2\equiv 729\not\equiv -1 \pmod{2041}$，

所以 2041 不是基 3 的强拟素数。

若 n 是基 b 的强拟素数，则 n 是合数的可能性小于 25%。若奇数 n 是基 b_i 的强拟素数 ($i=0,1,\cdots,k-1,k$)，则 n 是素数的概率大于 $1-\dfrac{1}{2^{k+1}}$。

因此，可以进行多次重复检验，提高 n 是素数的概率。

综上所述，可以得到米勒-拉宾(Miller-Rabin)素性检验算法：

Miller_Rabin_Prime_Test(n,t)

输入：奇数 $n\geqslant 3$，安全参数 t

输出：n 是否是素数，n 是素数的概率

1. 素性检验的次数 num=0；
2. 分解 $n-1=2^s k$，整数 $s>0$，k 为奇数；
3. 选择随机整数 b，$2\leqslant b\leqslant n-2$，$r=0$；
4. 计算 $g=\text{GCD}(b,n)$；
5. 若 $g>1$，则 n 是合数，返回 F；
6. 计算 $z\equiv b^k \pmod{n}$，若 $z=1$ 或 $n-1$，则 n 可能是素数，转到 11；
7. 若 $r=s-1$，则 n 是合数，返回 F；
8. $r=r+1$；
9. $z=z\times z \pmod{n}$，若 $z=n-1$，则 n 可能是素数，转到 11；
10. 转到 7；
11. 素性检验的次数 num=num+1；
12. 若 num<t，转到 3；
13. n 可能是素数，返回 T 和 n 是素数的概率 $1-(1/4)\wedge \text{num}$。

例 4.8 3089 是强伪素数吗？如果是，要求可能是素数的概率超过 90%。

解：$3089-1=3088=2^4 \times 193$，选择 Miller-Rabin 算法检验 3089 是否是强伪素数。

因为 $2^{193} \pmod{3089} \equiv 393, 393^2 \pmod{3089} \equiv -1$，

所以通过一次 Miller-Rabin 检验，3089 是基 2 的强伪素数，可能为素数；

因为 $3^{193} \pmod{3089} \equiv 2380, 2380^2 \pmod{3089} \equiv 2263$，

$2263^2 \pmod{3089} \equiv 2696, 2696^2 \pmod{3089} \equiv -1$，

所以通过两次 Miller-Rabin 检验，3089 是基 3 的强伪素数，可能为素数；

所以 3089 是强伪素数，可能性为 $1-(1/4)^2=93.75\%$。

【不妨一试】 Miller-Rabin 素性检验

你能设计一个程序验证 29 341 是强拟素数吗？如果判断是肯定的，要求是强拟素数的概率大于 99%。

【进一步知识】 欧拉拟素数

另一种常用的概率性素性检验法是 Solovay-strassen 素性检验法，它是基于欧拉检验条件。如果合数 n 通过了 Solovay-strassen 素性检验，则被称为欧拉拟素数。

如果一个 n 是基 b 的欧拉拟素数，则 n 一定是基 b 的拟素数；如果一个 n 是基 b 的强拟素数，则 n 一定是基 b 的欧拉拟素数和基 b 的拟素数。

反之不一定成立，即基 b 的拟素数 n 不一定是基 b 的欧拉拟素数，基 b 的欧拉拟素数 n 不一定是基 b 的强拟素数。

例 4.9 请生成一个 16 位的强拟素数，是素数的概率超过 90%。

解：(1) 生成一个 16 位的随机奇数，如 $p_1=1100\ 0100\ 1000\ 0011_2 = 50\ 307$，

对 p_1 进行 Miller-Rabin 检验，$p_2-1=50\ 306=2\times 25\ 153, (2, p_1)=1$，

因为 $2^{25\ 153} \pmod{p_1} \equiv 40\ 901 \not\equiv \pm 1$，

所以没有通过 Miller-Rabin 检验，p_1 是合数。

(2) 生成一个 16 位的随机奇数，如 $p_2=0100\ 1110\ 1000\ 0101_2 = 20\ 101$，

对 p_2 进行 Miller-Rabin 检验，$p_2-1=20\ 100=2^2 \times 5025, (2, p_2)=1$，

因为 $2^{5025} \pmod{p_2} \equiv 4946, 4946^2 \pmod{p_2} \equiv -1$，

所以通过第一次 Miller-Rabin 检验，p_2 是基 2 的强伪素数，可能为素数，概率为 $1-1/4=75\%$。

再进行第二次 Miller-Rabin 检验，$(3, p_2)=1$，

因为 $3^{5025} \pmod{p_2} \equiv -1$，

所以通过第二次 Miller-Rabin 检验，p_2 是基 3 的强伪素数，可能为素数，概率为 $1-(1/4)^2=93.75\%$；

所以 $0100\ 1110\ 1000\ 0101_2$ 为一个 16 位的强拟素数，为素数的概率超过 90%。

【不妨一试】 生成 RSA 需要的素数

RSA 密码机制的第一步是选择两个大素数 p 和 q，请设计一个程序生成两个 32 位的素数，并得到对应的公钥和私钥。

为抵抗暴力破解，目前实际应用中，p 和 q 最低要求是 1024 位，相应的素数生成程序有哪些设计难点？

小结

1. 素性检验

(1) 目的:判断一个整数是否是素数。
(2) 用途:生成素数。
(3) 方法:确定性素性检验、概率性素性检验。
(4) 实用性:对于大整数,计算机进行素性检验使用概率性方法。

2. 概率性素性检验

(1) 理论依据:反向费马小定理。
(2) 不足:并不一定只有素数使费马小定理成立。
(3) 导致:拟(伪)素数,即本是合数却被误判为素数(通过了素性检验的合数)。
(4) 解决方案:重复检验。
(5) 最终结果:通过检验的数是素数的概率非常大。

3. 概率性素性检验的三种方法

(1) 共同依据:对 $(b,n)=1$ 的整数 b 有 $b^{n-1} \equiv 1 \pmod{n}$。
(2) 共同措施:
① $(b,n)=1$。
② 循环:$b++$,$t--$(b 为底,t 为循环次数(安全参数))。
(3) 不同之处:
① 幂的值:$n-1, (n-1)/2, (n-1)$ 除以 2 的幂;
② 拟素数:基 b 的费马拟素数、强拟素数。

作业

1. 589 是素数还是合数?1729 呢?
2. 91 是基 2 的拟素数吗?是基 3 的拟素数吗?
3. 1381 是拟素数吗(概率超过 95%)?是强拟素数吗(概率超过 95%)?1729 呢?
4. 281 是强伪素数吗?安全参数设为 2。
5. 1 373 653 是强拟素数吗?要求是强拟素数的概率超过 90%。
6. 目前 RSA 密钥需要的大素数一般为 1024~2048 位。你能设计一个程序生成一个 1024 位的素数吗?请查阅资料解决下面的 5 个问题。
(1) 长度为 1024 位的自然数中,有大约多少个素数?据此判断统计随机产生多少个整数就可能得到一个素数?
(2) 是否会有两个人偶然地选择同样的素数,导致得到相同的密钥,从而暴露了自己的密文？

（3）你应该如何产生一个 1024 位的随机大整数？应该使用什么样的类型？如何保存与使用？

（4）如何对这个随机大整数进行素性检测？应该采用哪种素性检测方法？在该素性检验过程中，除了本章知识，还使用了前面学习到的哪些关键知识点？

（5）在实际使用中还可以采用什么样的措施加快检验过程？

第 5 章 群

> **【教学目的】**
> 掌握代数结构、三元三律、群、子群、群的阶与元素的阶、循环群、陪集、同构与同态、商群、置换群等基本概念。能够判断群,生成子群,计算元素的阶和逆元,陪集分解群,计算置换。
>
> **【教学要求】**
> 通过本章的学习,读者能够:
> (1) 识记:代数结构、三元三律、群、子群、群的阶与元素的阶、循环群、陪集、商群、置换群等基本概念与性质。
> (2) 领会:同构与同态。
> (3) 简单应用:判断一个代数结构是否是群,生成子群,计算元素的阶和逆元,陪集分解群,计算置换。
> (4) 综合应用:群空间和加密空间,置换群与剩余类群的运算类比,置换与换位式密码等。
>
> **【学习重点与难点】**
> 本章重点是三元三律、群、子群、元素的阶、置换群,难点是同构、同态和商群。
>
> 从本章开始,进入抽象代数的学习。抽象代数,也叫作近世代数,创始人为法国数学家伽罗瓦(Galois,1811—1832)与阿贝尔(Abel,1802—1829)。
> 所谓抽象代数就是透过现象看本质,研究的是代数结构(又叫代数系统),是现代数学的重要基础,其研究方法和观点已经对其他学科产生了越来越大的影响。
> 本章在介绍了抽象代数领域的一些基础概念以后,首先讲解一个基本的代数结构:群。

在正式开始本章学习之前,请思考下面这 3 个问题。
(1) 自然数与正偶数哪个多? 直线上点的个数与这个直线所在的平面的点的个数哪个多?
(2) 5 个点 3 条边构成的不同的简单图有多少种?
(3) 1 加 1 什么时候不等于 2?

实际上,上述问题在本章前面的内容或离散数学等相关学科中已经学习过,从本章开始,我们要换个角度看问题,抽象代数将帮助我们站在一个新的高度上考虑问题。

5.1 代数结构的基本概念与性质

定义 5.1 代数结构

设 S 是一个非空集合,在 S 上建立了若干运算 f_i,其中,$m \in \mathbf{Z}^+$,$i=1,2,\cdots,m$,若这些运算在 S 上是封闭的,则称 S 和运算 f_i 组成代数结构,记为 $(S,f_1,f_2,\cdots,f_m)$ 或 $<S,f_1,$

$f_2,\cdots,f_m>$。

【请你注意】

(1) 代数结构又称为**代数系统**。

(2) 非空集合 S 称为**基集**，记 $G=(S,f_1,f_2,\cdots,f_m)$，则 $|G|=|S|$，即群的阶(基，势)等于集合的阶(基，势)。S 中的元素具有广泛性和抽象性，可以是自然数、矩阵、字符串……不失一般性，可以用整数代表(编号)。

(3) 在 S 上建立的运算 f_i 实际上是 S 到自身的映射，要求具有**唯一性和封闭性**。唯一性是指运算结果(映射的像)是唯一的，封闭性是指运算结果(映射的像)仍然属于集合 S。

(4) 在 S 上建立的运算 f_i 具有一定的广泛性和抽象性，不仅包括"+"、"-"、"×"、"÷"等四则运算，还可以是集合的并和交、析取、合取、取反、取最大值，字符串的连接等；运算可以是二元的，也可以是一元的或多元的；运算可以是一个，也可以是多个，通常用符号+、 *、⊕、⊙……表示，代数结构记为 $(S,+)$、$(S,+,*,⊕)$ 等，**注意，这里的"+"仅仅是一个代表运算的符号，并不是一般意义上的四则运算的加法**。

(5) 为了强调运算的含义，可将二元运算 $z=R(x,y)$ 记为 $z=xRy$ 的形式，在不引起歧义时，简记为 $z=xy$。

例 5.1 (1) 自然数的集合 $\mathbf{N}=\{0,1,2,\cdots\}$ 非空，集合上有加法运算，运算封闭(结果仍为整数)，则构成代数结构 $(\mathbf{N},+)$。

(2) 自然数集合 $\mathbf{N}$ 及其上的减法不能构成代数结构，因为减法运算结果可能出现负数，不在自然数集合中，即运算不封闭。

(3) 剩余类集合 $\mathbf{Z}_n=\{0,1,\cdots,n-1\}$，与运算 $+_n$ 构成代数结构 $(\mathbf{Z}_n,+_n)$，其中，$+_n$ 定义为：$\forall x,y\in\mathbf{Z}_n, x+_n y\equiv x+y \pmod{n}$。

(4) 自然数集合及其上的加法和乘法构成代数结构 $(\mathbf{N},+,\times)$。

例 5.2 设计算机字长为 32 位，则该计算机中，2^{32} 个不同数字组成的集合与运算型机器指令(运算结果仍为 32 位二进制数字)构成一个代数结构。

【你应该知道的】

一个代数结构的运算可以是一元的，也可以是二元的、多元的，但最常研究、应用的是二元运算，定义运算通常有以下两种方式。

(1) 给出运算方式的表达式。

定义 $(\mathbf{Q},*)$ 的运算 "*"：$\forall x,y\in\mathbf{Q}, x*y=x+y-xy$。例如，$\exists 1,2\in\mathbf{Q}, 1*2=1+2-1\times 2=1$；$\exists -1,2\in\mathbf{Q}, -1*2=(-1)+2-(-1)\times 2=3$。

这实际上是利用已有的运算定义新的运算。

(2) 给出运算的运算表。如

*	a	b
a	a	b
b	b	b

这种方式适合集合元素比较少的情况。上表中有

$a*a=a,\qquad a*b=b,\qquad b*a=b,\qquad b*b=b$

上表还可以表示为：

*	0	1
0	0	1
1	0	1

定义 5.2　子代数

若两个代数结构$(G,*)$和$(S,\odot)$满足：

(1) $G \subseteq S$；

(2) $\forall a,b \in G$，则$a*b = a \odot b$，则称$(G,*)$为$(S,\odot)$的**子代数**，或子系统。

这个定义可以推广到有多个运算的代数结构。

例 5.3　$\mathbf{Z}_{偶}$是所有偶数组成的集合，则$(\mathbf{Z}_{偶},+)$是$(\mathbf{Z},+)$的子代数，$(\mathbf{Q},+)$是$(\mathbf{R},+)$的子代数。

但奇数集合及其上的加法不是$(\mathbf{Z},+)$的子代数(奇数集合及其上的加法不构成代数结构)。

在对代数结构有了一定的了解以后，下面将讨论代数结构一些常见的性质，其中的运算均假定为二元运算。

定义 5.3　代数结构的三律

设代数结构$(S, \oplus, \odot)$中，$\oplus, \odot$为二元运算，$\forall a,b,c \in S$：

(1) 若$(a \odot b) \odot c = a \odot (b \odot c)$，则称$S$上的$\odot$满足结合律；

(2) 若$a \odot b = b \odot a$，则称S上的$\odot$满足交换律；

(3) 若$a \odot (b \oplus c) = (a \odot b) \oplus (a \odot c)$，则称满足第一(左)分配律，

若$(b \oplus c) \odot a = (b \odot a) \oplus (c \odot a)$，则称满足第二(右)分配律，

若同时满足第一、二分配律，则称$\odot$对$\oplus$满足分配律。

例 5.4　(1) $(\mathbf{Z},+,\times)$上，运算$+$、$\times$具有结合律、交换律，$\times$对$+$满足分配律；

(2) $(\mathbf{Z}^+, \max)$上，运算$\max$满足结合律、交换律；

(3) $(\mathbf{Z},-)$上，运算$-$不满足结合律和交换律。

定义 5.4　代数结构的三元

设代数结构$(S,\odot)$中，$\odot$为二元运算：

(1) 若$\exists e \in S$，$\forall x \in S$均有$e \odot x = x \odot e = x$，则称$e$为$(S,\odot)$的单位元；

(2) 若$\exists \theta \in S$，$\forall x \in S$均有$\theta \odot x = x \odot \theta = \theta$，则称$\theta$为$(S,\odot)$的零元；

(3) 若$(S,\odot)$的单位元为e，$\exists x,y \in S$，有$x \odot y = e$，$y \odot x = e$，则称x和y互为逆元。

【请你注意】

(1) 单位元实现的是恒等映射，又称为恒等元、幺元，通常用e表示，也常用1表示，对于加法运算可能用0表示(加法运算是指该运算的性质与普通加法相似，而不仅是普通四则运算的加法)。

(2) 一个代数结构可能只有左单位元e_l或者右单位元e_r，若e_l和e_r同时存在，则单位元一定唯一存在，即$e = e_l = e_r$。这是因为$e_l = e_l \odot e_r = e_r$。

(3) 零元可以直接用 0 表示。与单位元相似,一个代数结构可能只有左零元 θ_l 或者右零元 θ_r,若 θ_l 和 θ_r 同时存在,则零元一定唯一存在,即 $\theta=\theta_l=\theta_r$。这是因为 $\theta_r=\theta_l\odot\theta_r=\theta_l$(注意与 $e_l=e_l\odot e_r=e_r$ 的不同)。

(4) **逆元存在的前提是单位元的存在**。x 的逆元通常记为 x^{-1},对于加法运算,x 的逆元也可以记为 $-x$。

(5) 一个元素 x 可能只有左逆元 x_l^{-1} 或者右逆元 x_r^{-1},若 x_l^{-1} 和 x_r^{-1} 同时存在,只有当 $\odot$ 满足结合律时才有 $x_l^{-1}=x_r^{-1}$。这是因为满足结合律时,$x_l^{-1}=x_l^{-1}\odot e=x_l^{-1}\odot(x\odot x_r^{-1})=(x_l^{-1}\odot x)\odot x_r^{-1}=e\odot x_r^{-1}=x_r^{-1}$。因此当 $(S,\odot)$ 的 $\odot$ 满足结合律时,它的元素的左右逆元相等,逆元才存在。

(6) 若 x 的逆元 x^{-1} 存在,则 x^{-1} 是唯一的。这是因为若存在两个不同的逆元 x_1^{-1} 和 x_2^{-1},有 $x_1^{-1}=x_1^{-1}\odot e=x_1^{-1}\odot(x\odot x_2^{-1})=(x_1^{-1}\odot x)\odot x_2^{-1}=e\odot x_2^{-1}=x_2^{-1}$。

(7) 逆元的存在与消去律($\forall a,b,c\in S$,左消去律:$a\odot b=a\odot c\Rightarrow b=c$,右消去律:$b\odot a=c\odot a\Rightarrow b=c$)密切相关。如果逆元存在一定满足消去律(等号左右同时乘以逆元实现消去);但满足消去律,元素不一定具有逆元,如代数结构 $(\mathbf{Z},\times)$ 上,除了 1,所有元素都没有逆元,但满足消去律。

(8) 单位元和零元称为一个代数结构的常元,它们的存在与否是依赖于运算的,而逆元是否存在依赖于具体的元素。任何代数结构的单位元恒有逆元,逆元为自身;零元一定没有逆元。

例 5.5 (1) 对代数结构 $(\mathbf{Q},+,\times)$,$+$ 的单位元是 0,$\times$ 的单位元是 1;$+$ 没有零元,$\times$ 的零元是 0。

(2) 代数结构 $(\mathbf{Q},+,\times)$ 中每个元素 x,都有加法逆元 $-x$;除 0 以外的每个元素 x 都有乘法逆元 $x^{-1}=1/x$。

(3) 对代数结构 $(\rho(A),\bigcup)$,其中,$\rho(A)$ 表示集合 A 的幂集,其单位元是 $\varnothing$,零元是 A,只有单位元 $\varnothing$ 有逆元为 $\varnothing$;对代数结构 $(\rho(A),\bigcap)$,单位元是 A,零元是 $\varnothing$,只有单位元 A 有逆元为 A。

例 5.6 $(\mathbf{Q},*)$,运算 $*$ 定义为:$\forall x,y\in \mathbf{Q},x*y=x+y-xy$,$(\mathbf{Q},*)$ 满足交换律,则:

(1) 单位元:设单位元为 e,则 $x*e=x+e-xe=x$,所以 $e=xe$,所以单位元是 0。

(2) 零元:设零元为 θ,则 $x*\theta=x+\theta-x\theta=\theta$,所以 $x=x\theta$,所以零元是 1。

(3) 逆元:设 x^{-1} 是 x 的逆元,$x*x^{-1}=x+x^{-1}-xx^{-1}=e=0$,$x^{-1}=x/(x-1)$,所以,除了零元 1 以外,其余元素均有逆元。

【**思考**】 写出一个代数结构

若集合 $S=\{1,2,3,4,5,6\}$,请补充运算 $*$,形成代数结构 $(S,*)$,并思考下面的问题。

(1) 你给出的代数结构有哪些子代数?

(2) 你给出的代数结构和其子代数各有什么样的性质?满足哪些运算律?拥有单位元、零元、逆元吗?

例如,$(S,*)$,$*$ 定义为:$\forall x,y\in S,x*y\equiv x+y\ (\bmod\ 6)$,这个代数结构具有交换律和结合律,单位元为 6,没有零元,1 和 5、2 和 4 互为逆元,3 与 6 的逆元分别为自身。

其子代数有$(S_0,*)$、$(S_1,*)$、$(S_2,*)$和$(S_3,*)$,其中,$S_0=S,S_1=\{2,4,6\},S_2=\{3,6\},S_3=\{6\}$。

这些子代数均具有交换律和结合律,单位元为6,没有零元,每个元素均有逆元;每个子代数的阶都为6的因子。

又如$(S,*)$,$*$定义为:$\forall x,y\in S,x*y=\min(x,y)$,这个代数结构满足交换律和结合律,单位元为6,零元是1,除了单位元,其余元素都没有逆元。$(S_i,*)$为$(S,*)$的子代数,S_i为S的任意非空子集。每个子代数均满足交换律和结合律,S_i中最小的元素是该子代数的零元,最大元素是该子代数的单位元,除了单位元,其余元素都没有逆元。

你还能举出其余的例子吗?

例 5.7 $(S,\oplus,\odot)$中$S=\{0,1\}$,运算$\oplus$和$\odot$定义如下:

$\oplus$	0	1		$\odot$	0	1
0	0	1		0	0	0
1	1	0		1	0	1

(1) 交换律:因为$0\oplus 1=1\oplus 0=0,0\odot 1=1\odot 0=1$,所以$\oplus$和$\odot$满足交换律。

(2) 结合律:因为$0\oplus 0\oplus 0=0\oplus 0=0,0\oplus (0\oplus 0)=0\oplus 0=0$,

$0\oplus 0\oplus 1=0\oplus 1=0,0\oplus (0\oplus 1)=0\oplus 1=0$,

$0\oplus 1\oplus 0=0\oplus 0=0,0\oplus (1\oplus 0)=0\oplus 0=0$,

$0\oplus 1\oplus 1=0\oplus 1=0,0\oplus (1\oplus 1)=0\oplus 1=0$,

$1\oplus 0\oplus 0=1\oplus 0=0,1\oplus (0\oplus 0)=1\oplus 0=0$,

$1\oplus 0\oplus 1=1\oplus 1=1,1\oplus (0\oplus 1)=1\oplus 0=0$,

$1\oplus 1\oplus 0=1\oplus 0=0,1\oplus (1\oplus 0)=1\oplus 0=0$,

$1\oplus 1\oplus 1=1\oplus 1=1,1\oplus (1\oplus 1)=1\oplus 1=1$,

所以$\oplus$满足结合律,同理,$\odot$满足结合律。

(3) $\oplus$对于$\odot$是可分配的,但$\odot$对于$\oplus$并非如此;

因为$1\odot (0\oplus 1)=1\odot 0=1$,而$(1\odot 0)\oplus (1\odot 1)=1\oplus 0=0$。

(4) 单位元:$\oplus$的单位元是1,因为$0\oplus 1=0,1\oplus 1=1$,同时$\oplus$满足交换律;

$\odot$的单位元是0,因为$0\odot 0=0,1\odot 0=1$,同时$\odot$满足交换律。

(5) 零元:$\oplus$的零元是0,因为$0\oplus 0=0,1\oplus 0=0$,同时$\oplus$满足交换律;

$\odot$没有零元。

(6) 逆元:对于$\oplus$,1的逆元是1,0没有逆元;

对于$\odot$,1的逆元是1;0的逆元是0。

【思考】 通过运算表得出代数结构的性质

请观察例5.7的运算表,能不能直接看出上述结果?可以总结出什么规律?

例如,满足封闭性当且仅当表中(右下)只会出现表头(行首和列首)中已经出现过的数字;满足交换律当且仅当运算表关于主对角线是对称的,等等。

前面都是研究一个代数结构自身的性质,下面开始研究两个代数结构之间的关系。

设有两个代数结构$(\{a,b\},+)$和$(\{0,1\},*)$,其运算分别定义如下。

+	a	b
a	a	b
b	a	b

*	0	1
0	0	1
1	0	1

仔细观察这两个代数结构可以发现,它们并没有本质的不同,如果将第 1 个代数结构的两个元素 a 和 b 分别换以第 2 个代数结构的元素 0 和 1,得到的 + 的运算表与第 2 个代数结构的 * 的运算表完全相同。因此,这两个代数系统除了表示的符号形式不同,是完全一样的,将符号统一后,实质是同一个代数系统。这样表面不同而实质上相同的代数结构就被称为同构的代数结构。

如果两个代数结构满足下面 3 个条件:

(1) 同一类型(相同运算符个数,运算符的元相同);

(2) 元素"个数"相等,即两个集合的基或势相等,这样两个集合中的元素可以一一对应;

(3) 对应元素先运算后映射的像与先映射后运算的结果仍然对应,则称这两个代数结构同构。

研究代数结构同构的目的在于:研究透一个代数结构,就可以解决所有与其同构的代数结构的问题。两个同构的代数系统,表面上似乎很不相同,但在结构上实际没有什么差别,只不过是集合中的元素名称和运算的标识不同而已。

定义 5.5 同构

若代数结构 $(X,\odot)$ 和 $(Y,\oplus)$ 同构,则存在一个从 X 到 Y 的一一对应的映射 f,使得 $\forall x_1,x_2 \in X$,有

$$f(x_1 \odot x_2) = f(x_1) \oplus f(x_2) \tag{5-1}$$

记为 $(X,\odot) \cong (Y,\oplus)$。

例 5.8 求证:$(\mathbf{R}^+,\times)$ 与 $(\mathbf{R},+)$ 同构,映射为 $f(x)=\ln x$。

证明:$f(x)=\ln x$ 的定义域是 $\mathbf{R}^+$,值域是 $\mathbf{R}$,逆函数是 $f^{-1}(x)=e^x$,因此 $f(x)$ 是一个 $\mathbf{R}^+$ 到 $\mathbf{R}$ 上的一一映射;

$\forall x,y \in \mathbf{R}^+$ 有 $f(x \times y) = \ln(x \times y) = \ln x + \ln y = f(x)+f(y)$,所以 $(\mathbf{R}^+,\times)$ 与 $(\mathbf{R},+)$ 同构。

【请你注意】

判断同构的关键是找到恰当的映射,但该映射并不唯一。如例 5.8 中,$f(x)=\log_n x$,$n \in \mathbf{Z}^+$ 都能满足需要。

若一一映射 $f(x)$ 可以使 $(X,\odot) \cong (Y,\oplus)$,则 $f^{-1}(x)$ 可以实现 $(Y,\oplus) \cong (X,\odot)$。

这是因为 $\forall x_1,x_2 \in X$,有:$f(x_1 \odot x_2) = f(x_1) \oplus f(x_2)$,

则 $\qquad f^{-1}(f(x_1 \odot x_2)) = f^{-1}(f(x_1) \oplus f(x_2))$

即 $\qquad x_1 \odot x_2 = f^{-1}(f(x_1) \oplus f(x_2))$

因为 $\qquad x_1 \odot x_2 = f^{-1}(f(x_1)) \odot f^{-1}(f(x_2))$,

所以 $\qquad f^{-1}(f(x_1) \oplus f(x_2)) = f^{-1}(f(x_1)) \odot f^{-1}(f(x_2))$,

即 $\forall y_1,y_2 \in Y$ 有 $f^{-1}(y_1 \oplus y_2) = f^{-1}(y_1) \odot f^{-1}(y_2)$。

如映射 $f(x)=e^x$ 使 $(\mathbf{R},+)$ 与 $(\mathbf{R}^+,\times)$ 同构。因为 $f(x)=e^x$ 的定义域是 $\mathbf{R}$，值域是 $\mathbf{R}^+$，逆函数是 $f^{-1}(x)=\ln x$，因此 $f(x)$ 是一个 $\mathbf{R}$ 到 $\mathbf{R}^+$ 上的一一映射；$\forall x,y\in\mathbf{R}$ 有 $f(x+y)=e^{x+y}=e^x\times e^y=f(x)\times f(y)$，所以 $f(x)=e^x$ 使 $(\mathbf{R},+)$ 与 $(\mathbf{R}^+,\times)$ 同构。

【进一步的知识】 自同构与密码学

一个代数结构还可以与自身同构，称为自同构。实数集合 $\mathbf{R}$ 上有很多不同的到自身的一一对应的映射，如 $f(x)=-x, g(x)=1/x, h(x)=x^3$，$f(x)$ 使 $(\mathbf{R},+)$ 自同构，$g(x)$ 和 $h(x)$ 使 $(\mathbf{R},\times)$ 自同构。

设 RSA 的公钥为 (n,e)，私钥为 (n,d)，因为加密过程为 $c\equiv m^e \pmod n$，所以加密过程实际是一个映射 $c=f(m)$，它使 $(\mathbf{Z}_n,\times_n)$ 自同构，这是由于：

$$f(x\times_n y)=(x\times_n y)^e(\bmod\ n)=(x\times y(\bmod\ n))^e(\bmod\ n)$$
$$=x^e\times y^e(\bmod\ n)=f(x)\times_n f(y)$$

同理，解密过程是映射 $m=f^{-1}(c)$，也可以使 $(\mathbf{Z}_n,\times_n)$ 自同构。因此可以利用 $\mathbf{Z}_n$ 上的 $\times_n$ 运算对 RSA 进行攻击。

例如，张三想让李四给自己的一份文件 a 利用 RSA 进行数字签名，李四因某种原因拒绝，张三就将文件 a 拆成文件 b 和 c，保证 $b\times_n c=a$，若李四分别对文件 b 和 c 进行了签名，则张三就可以获得其对文件 a 的签名。这是因为签名过程为 $s_1\equiv b^d \pmod n$ 和 $s_2\equiv c^d \pmod n$，则

$$s_1 s_2\equiv b^d c^d\equiv(bc)^d\equiv a^d\pmod n,$$

即 $\qquad f^{-1}(b)\times_n f^{-1}(c)=f^{-1}(b\times_n c)=f^{-1}(a)$

又如，李四窃取到一段发给张三的消息，是用张三的公钥实现 RSA 加密的密文 c，要想得到明文 m，李四首先选择随机数 k，$1<k<n$，然后用张三的公钥计算 $x\equiv k^e \pmod n$ 和 $y\equiv xc \pmod n$；将 y 发送给张三，请他签名，签名过程为 $s\equiv y^d \pmod n$；李四得到张三反馈给他的签名 s，就可以恢复出明文 m，这是因为：

$$k^{-1}s\equiv k^{-1}y^d\equiv k^{-1}(xc)^d\equiv k^{-1}(k^e c)^d\equiv k^{ed-1}c^d\equiv k^{\varphi(n)}c^d\equiv c^d\equiv m\pmod n$$

即 $\qquad k^{-1}\times_n f^{-1}(x\times_n c)=k^{-1}\times_n f^{-1}(f(k)\times_n f(m))=k^{-1}\times_n f^{-1}(f(k))\times_n f^{-1}(f(m))$
$$=k^{-1}\times_n k\times_n m=m$$

例如，设张三的公钥为 $(3,1081)$，私钥为 $(675,1081)$，李四得到的其他人发给张三的密文是一个数字"3"，李四恢复明文的过程如下。

(1) 选择随机数 $k=3$，计算 $x\equiv k^e \pmod n\equiv 3^3 \pmod{1081}\equiv 27$，
"3"的 ASCII 码为 51，$y\equiv xc \pmod n\equiv 27\times 51 \pmod{1081}\equiv 296$。

(2) 张三对 y 签名，$s\equiv y^d \pmod n\equiv 296^{675} \pmod{1081}\equiv 195$。

(3) 李四恢复出张三的明文：因为 $1081=3\times 360+1$，

所以 $\qquad k^{-1}\pmod n\equiv 3^{-1}\pmod{1081}\equiv -360\equiv 721$

所以 $\qquad m\equiv k^{-1}s \pmod n\equiv 721\times 195 \pmod{1081}\equiv 65$

原来张三收到的信息是"A"。

因此在利用 RSA 进行电子签名时请注意以下两点。

(1) 请不要用 RSA 对陌生人的随机消息签名；

(2) 签名前请首先对消息使用一个散列函数，得到消息摘要，既可以加快签名速度，又可以防止上述对数字签名的选择密文攻击。

【思考】 同构

代数结构$(\mathbf{Z},+)$和$(\mathbf{N},+)$同构吗？

因为对自然数集和整数集，有

$$x: \quad \cdots, -3, -2, -1, 0, 1, 2, 3, \cdots \quad \mathbf{Z}$$
$$\downarrow \quad \downarrow \quad \downarrow \downarrow \downarrow \downarrow \downarrow$$
$$g(x): \cdots, \quad 5, \quad 3, \quad 1, 0, 2, 4, 6, \cdots \quad \mathbf{N}$$

可以看出，映射g是一一对应的，若映射g使得$(\mathbf{Z},+)$和$(\mathbf{N},+)$同构，有$g(0)=g(1+(-1))=g(1)+g(-1)=1+2=3\neq 0$，所以$(\mathbf{Z},+)$和$(\mathbf{N},+)$不同构。

上述证明过程是不正确的，你知道为什么吗？

两个代数结构同构，要求存在一个一一映射，使得先映射后运算与先运算后映射结果相等；但是如果一个一一映射不能满足这个要求，并不能证明两个代数结构就不同构，只是可能没有找到恰当的映射而已。

那么，如何证明两个代数结构不同构呢？

【请你注意】

同构是一个等价关系，会保持三律三元。

设$(X,\oplus,\odot)\cong(Y,*,\triangle)$，则：

(1) 结合律：若$(X,\oplus)$有结合律，则$(Y,*)$也有。

(2) 交换律：若$(X,\oplus)$有交换律，则$(Y,*)$也有。

(3) 分配律：若$(X,\oplus,\odot)$有分配律，则$(Y,*,\triangle)$也有。

(4) 幺元存在性：若$(X,\oplus)$有单位元，则$(Y,*)$也有。

(5) 零元存在性：若$(X,\oplus)$有零元，则$(Y,*)$也有。

(6) 逆元存在性：若$(X,\oplus)$某元x有逆元，则x在$(Y,*)$中对应的像y也有。

证明：因为$(X,\oplus,\odot)\cong(Y,*,\triangle)$，所以存在从$X$到$Y$的一一对应的映射$g$，$\forall x_i \in X, y_i \in Y$，有$g(x_i)=y_i, i\in \mathbf{Z}$。

(1) $g(x_1\oplus x_2\oplus x_3)=g(x_1)*g(x_2)*g(x_3)=y_1*y_2*y_3$，

$g(x_1\oplus(x_2\oplus x_3))=g(x_1)*(g(x_2)*g(x_3))=y_1*(y_2*y_3)$，

所以 若$(X,\oplus)$有结合律，则$x_1\oplus x_2\oplus x_3=x_1\oplus(x_2\oplus x_3)$，

所以 $g(x_1\oplus x_2\oplus x_3)=g(x_1\oplus(x_2\oplus x_3))$，即$y_1*y_2*y_3=y_1*(y_2*y_3)$，

所以$(Y,*)$也有结合律。

(2) $g(x_1\oplus x_2)=g(x_1)*g(x_2)=y_1*y_2$，

$g(x_2\oplus x_1)=g(x_2)*g(x_1)=y_2*y_1$，

所以 若$(X,\oplus)$有交换律，则$x_1\oplus x_2=x_2\oplus x_1$，

所以 $g(x_1\oplus x_2)=g(x_2\oplus x_1)$，即$y_1*y_2=y_2*y_1$，

所以 $(Y,*)$也有交换律。

(3) 先考察左分配律：

$g(x_1\oplus(x_2\odot x_3))=g(x_1)*(g(x_2)\triangle g(x_3))=y_1*(y_2\triangle y_3)$，

$g((x_1\oplus x_2)\odot(x_1\oplus x_3))=(g(x_1)*g(x_2))\triangle(g(x_1)*g(x_3))$，

$=(y_1*y_2)\triangle(y_1*y_3)$，

所以 若$(X,\oplus,\odot)$有左分配律，则

$$g(x_1 \oplus (x_2 \odot x_3)) = g((x_1 \oplus x_2) \odot (x_1 \oplus x_3))，则$$
$$y_1 * (y_2 \triangle y_3) = (y_1 * y_2) \triangle (y_1 * y_3)，则(Y, *, \triangle)也有左分配律；$$
类似地可以考察右分配律。

(4) 幺元存在性：

若$(X, \oplus)$的单位元为e，则$\forall x \in X$，有$x \oplus e = e \oplus x = x$，

所以
$$g(x) = g(x \oplus e) = g(x) * g(e),$$
$$g(x) = g(e \oplus x) = g(e) * g(x),$$

所以 $(Y, *)$的单位元存在为$g(e)$。

(5) 零元存在性：

若$(X, \oplus)$的零元为0，则$\forall x \in X$，有$x \oplus 0 = 0 \oplus x = 0$，

所以
$$g(0) = g(x \oplus 0) = g(x) * g(0),$$
$$g(0) = g(0 \oplus x) = g(0) * g(x),$$

所以 $(Y, *)$的零元存在为$g(0)$。

(6) 逆元存在性：

若$(X, \oplus)$的单位元为e，对某一$x \in X$，存在逆元$x^{-1} \in X$，

所以
$$g(e) = g(x \oplus x^{-1}) = g(x) * g(x^{-1}),$$
$$g(e) = g(x^{-1} \oplus x) = g(x^{-1}) * g(x),$$

因为 $(Y, *)$的单位元为$g(e)$，所以$(g(x))^{-1} = g(x^{-1})$。

例5.9 有两个代数结构$(\mathbf{Z}_6, +_6)$和$(\mathbf{Z}_7^*, \times_7)$，其中，$\mathbf{Z}_6 = \{0,1,2,3,4,5\}$，$\mathbf{Z}_7^* = \{1,2,3,4,5,6\}$，$\forall x, y \in \mathbf{Z}_6, x +_6 y = x + y \pmod 6$，$\forall x, y \in \mathbf{Z}_7^*, x \times_7 y = x \times y \pmod 7$。

可以看出，$(\mathbf{Z}_6, +_6)$的单位元为0，没有零元，0和3分别与自身互为逆元，2与4、1与5互为逆元；$(\mathbf{Z}_7^*, \times_7)$的单位元为1，没有零元，1和6分别与自身互为逆元，2与4、3与5互为逆元。则存在从$(\mathbf{Z}_6, +_6)$到$(\mathbf{Z}_7^*, \times_7)$的一一映射$g$，使得：
$$g(0) = 1, \quad g(3) = 6$$

不妨设$g(2) = 2$，因此：
$$g(4) = g(2 +_6 2) = g(2) \times_7 g(2) = 2 \times 2 \pmod 7 = 4,$$
$$g(5) = g(2 +_6 3) = g(2) \times_7 g(3) = 2 \times 6 \pmod 7 = 5,$$
$$g(1) = g(2 +_6 5) = g(2) \times_7 g(5) = 2 \times 5 \pmod 7 = 3,$$
$$g(2) = g(4 +_6 4) = g(4) \times_7 g(4) = 4 \times 4 \pmod 7 = 2.$$

整理一下：

映射g：$g(0) = 1, g(1) = 3, g(2) = 2, g(3) = 6, g(4) = 4, g(5) = 5$。

此一一映射g使得$(\mathbf{Z}_6, +_6) \cong (\mathbf{Z}_7^*, \times_7)$（其实$g$为$g(x) = 3^x \pmod 7$）。

当然，也可以设$g(2) = 3$，因此：
$$g(4) = g(2 +_6 2) = g(2) \times_7 g(2) = 3 \times 3 \pmod 7 = 2,$$
$$g(2) = g(4 +_6 4) = g(4) \times_7 g(4) = 2 \times 2 \pmod 7 = 4,$$

矛盾，此映射不成立。或根据2与4互为逆元，$g(2) = 3$与$g(4) = 2$不是互为逆元，矛盾，此映射不成立。

可以设$g(2) = 4$，因此：
$$g(4) = g(2 +_6 2) = g(2) \times_7 g(2) = 4 \times 4 \pmod 7 = 2,$$

$$g(5) = g(2 +_6 3) = g(2) \times_7 g(3) = 4 \times 6 \pmod 7 = 3,$$
$$g(1) = g(2 +_6 5) = g(2) \times_7 g(5) = 4 \times 3 \pmod 7 = 5,$$
$$g(2) = g(1 +_6 1) = g(1) \times_7 g(1) = 5 \times 5 \pmod 7 = 4.$$

整理一下：

映射 g：$g(0)=1, g(1)=5, g(2)=4, g(3)=6, g(4)=2, g(5)=3$。

实际上，此一一映射为 $g(x)=5^x \pmod 7$，也使得 $(\mathbf{Z}_6, +_6) \cong (\mathbf{Z}_7{}^*, \times_7)$。

例 5.10 求证：$(\mathbf{Z}, +)$ 和 $(\mathbf{N}, +)$ 不同构。

证明：因为 $(\mathbf{Z}, +)$ 的单位元是 0，没有零元，$\forall x \in \mathbf{Z}$ 有逆元 $x^{-1} = -x$；

$(\mathbf{N}, +)$ 的单位元是 0，没有零元，但除了 0 均无逆元。

所以 $(\mathbf{Z}, +)$ 和 $(\mathbf{N}, +)$ 不同构。

如果将同构的条件放宽一点，将一一映射放宽到一般映射，可以得到比同构更广的一种关系：同态。

定义 5.6 同态

若代数结构 $(X, \oplus)$ 和 $(Y, *)$ 同态，则存在一个从 X 到 Y 的映射 f，使得 $\forall x_1, x_2 \in X$，有：

$$f(x_1 \oplus x_2) = f(x_1) * f(x_2) \tag{5-2}$$

如果这个映射是满射叫**满同态**，映射是单射叫**单同态**。

今后研究的一般是满同态，用 $\approx$ 表示。

例 5.11 （1）代数结构 $(\mathbf{N}, +)$ 与 $(\{0,1\}, +_2)$ 存在映射 $f(x) = x \pmod 2$ 使 $(\mathbf{N}, +)$ 与 $(\{0,1\}, +_2)$ 是满同态，这是由于 $f(x_1+x_2) = x_1+x_2 \pmod 2 = x_1 \pmod 2 +_2 x_2 \pmod 2 = f(x_1) +_2 f(x_2)$。

（2）映射 $f(x) = 2x$ 使代数结构 $(\mathbf{Z}, +)$ 与 $(\mathbf{Z}, +)$ 是单同态，这是由于 $f(x_1+x_2) = 2(x_1+x_2) = 2x_1 + 2x_2 = f(x_1) + f(x_2)$。映射 $f(x) = 2x$ 使代数结构 $(\mathbf{R}, +)$ 与 $(\mathbf{R}, +)$ 既是单同态又是满同态。

（3）$(\mathbf{R}, +)$ 与 $(\mathbf{R}, \times)$ 不是满同态。若存在一个从 $(\mathbf{R}, +)$ 到 $(\mathbf{R}, \times)$ 的满射 $f(x)$ 使 $(\mathbf{R}, +)$ 与 $(\mathbf{R}, \times)$ 满同态，则 $\forall x, y \in \mathbf{R}, f(x+y) = f(x) \times f(y)$。对于 $(\mathbf{R}, \times)$ 的零元 0 有，$\exists a \in \mathbf{R}$ 有 $f(a) = 0$。又有 $f(0) = f(a-a) = f(a) \times f(-a) = 0$，但是 $f(a) = f(a+0) = f(a) \times f(0)$，所以 $f(0) = 0$，矛盾。因此 $(\mathbf{R}, +)$ 与 $(\mathbf{R}, \times)$ 不是满同态。

【请你注意】

（1）满同态对三元三律的保持是单向的。也就是说，如果函数 f 是 $(X, \oplus)$ 到 $(Y, *)$ 的满同态，那么 $(X, \oplus)$ 所具有的性质 $(Y, *)$ 仍然具有。但反之不一定。

（2）一个同态既是单同态又是满同态，则它是同构。即同构也是同态。

例 5.12 （1）函数 f 是 $(A*, \oplus)$ 到 $(\mathbf{N}, +)$ 的同态，其中，$A*$ 是 A 上所有字符串构成的集合，$\oplus$ 是字符串连接运算，函数 $f(u) = \text{len}(u)$，给出字符串 u 的长度，而 $f(u \oplus v) = \text{len}(u \oplus v) = \text{len}(u) + \text{len}(v) = f(u) + f(v)$。

（2）函数 f 是 $(A*, \oplus)$ 到 $(A*, \odot)$ 的同态，其中，$A*$ 是 A 上所有字符串构成的集合，$\oplus$ 是字符串连接运算，$\odot$ 定义为 $\forall u, v \in A*, u \odot v = v \oplus u$，函数 $f(u) = \text{rev}(u)$ 是将字符串 u 反转，由于 $f(u \oplus v) = \text{rev}(u \oplus v) = \text{rev}(u) \odot \text{rev}(v) = f(u) \odot f(v)$。

实际上，许多数据结构上的操作都是某两个代数结构之间的同态，函数式程序设计语言中,很多操作都是利用代数结构的同态来定义的,许多函数的归纳定义本质上都是一种特别的代数结构(初始代数)到某个代数结构的同态,函数式程序设计中有时也可利用一些操作是代数结构同态这一点来优化程序。

【进一步的知识】 同态密码

同态加密技术的主要特点是:允许在没有解密算法与解密密钥的条件下,直接对加密数据进行运算,运算结果解密后与明文状态下直接运算结果相同。

上述描述可以用数学语言表示,设密文与其上的运算构成代数结构$(C, \oplus)$,明文与其上的运算构成代数结构$(M, \odot)$,解密运算为函数D,即$\forall x \in C$,有$D(x) \in M$。同态密码满足:

$$\forall x, y \in C, D(x \oplus y) = D(x) \odot D(y) \tag{5-3}$$

即D是一个$(C, \oplus)$到$(M, \odot)$的同态映射,这也是同态密码得名的原因。

利用同态密码,无须解密就可实现对密文进行操作,可以满足云计算、电子商务、物联网、移动代码等各种应用的需求。随着2009年IBM公司的克雷格·金特里(Craig Gentry)在其博士论文中基于理想格提出一种完全同态加密技术后,同态密码成为密码学领域的研究热点。

请收集阅读相关资料思考下面的问题:

同态密码技术被称为"密码学的新发现"、"一项真正的突破",它究竟可以解决什么样的问题?你是否能够针对云计算、社交网络等当前一些热门应用,介绍几种保障它们安全的方案?

定义 5.7 同态核

若函数f是代数结构$(X, \oplus)$和$(Y, *)$的同态,并且$(X, \oplus)$有单位元e,$(Y, *)$的单位元为e',那么同态核$\mathrm{Ker}(f) = \{x | x \in X \text{ 且 } f(x) = e'\}$。

【你应该知道的】

(1) 同态核是同态像为单位元的原像;
(2) $(\mathrm{Ker}(f), \oplus)$是$(X, \oplus)$的子代数。

证明: $\forall a, b \in \mathrm{Ker}(f), f(a \oplus b) = f(a) * f(b) = e' * e' = e'$,所以$a \oplus b \in \mathrm{Ker}(f)$,所以$(\mathrm{Ker}(f), \oplus)$是$(X, \oplus)$的子代数,证毕。

例 5.13 (1) 设两代数结构$(\rho(A), \cap, \cup)$和$(\{0,1\}, \wedge, \vee)$,其中,$A = \{a, b, c\}$,$\rho(A)$表示A的幂集。同态映射$h(B)$定义为对任意$B \in \rho(A)$:

$$h(B) = \begin{cases} 1 & \text{当} a \in B \\ 0 & \text{当} a \notin B \end{cases}$$

① $\vee$的单位元为0,故$\mathrm{Ker}(h) = \{\varnothing, \{b\}, \{c\}, \{b,c\}\}$;
② $\wedge$的单位元为1,故$\mathrm{Ker}(h) = \{\{a\}, \{a,b\}, \{a,c\}, \{a,b,c\}\}$。

(2) $f(x) = x \pmod{n}$是代数结构$(\mathbf{Z}, +)$和$(\mathbf{Z}_n, +_n)$的满同态映射$(n \in \mathbf{Z}^+)$,同态核为$\mathrm{Ker}(f) = \{k n | k \in \mathbf{Z}\} \equiv 0 \pmod{n}$,简单地记为$\mathrm{Ker}(f) = [0]_n$。

可以类似地构造集合:

$$K = \{[0]_n, [1]_n, [2]_n, \cdots, [n-2]_n, [n-1]_n\}$$

显然有$\forall a, b \in \mathbf{Z}, a \equiv b \pmod{n}, [a]_n, [b]_n \in K, [a]_n +_n [b]_n = [a+b]_n \in K$。

所以$(K,+_n)$仍然为一个代数结构,称为$(\mathbf{Z},+)$关于$f(x)$(模n)的**商代数**,K称为$\mathbf{Z}$关于$f(x)$(模n)的**商集**,记为$K=\mathbf{Z}/\equiv_n$,也就是$K=\mathbf{Z}/f$。显然映射f使得$(\mathbf{Z},+)$与$(K,+_n)$同态,因为:

$$\forall a,b \in \mathbf{Z}, f(a+b)= a+b(\bmod n) = (a(\bmod n) + b(\bmod n))(\bmod n)$$
$$= [a]_n +_n [b]_n = f(a) + f(b)$$

【进一步的知识】

(1) 代数结构$(S,\oplus)$与其商代数$(S/f,*)$同态。这种同态叫作自然同态。这意味着任何一个代数结构都可以找到一个与其同态的代数结构,这个代数结构就是它的商代数。

如例 5.13 中$(\rho(A),\cap,\cup)$和$(\rho(A)/h,\wedge,\vee)$自然同态,其中,$\rho(A)/h=\{[0]_2,[1]_2\}$,$[0]_2=\{\varnothing,\{b\},\{c\},\{b,c\}\}$,$[1]_2=\{\{a\},\{a,b\},\{a,c\},\{a,b,c\}\}$。

当然,也可以构造不同的映射f,使得$(\rho(A),\cap,\cup)$和$(\rho(A)/f,\wedge,\vee)$自然同态,如映射$f(B)$定义为对任意$B\in\rho(A)$:

$$f(B) = \begin{cases} 1, & \text{当}\, b \in B \\ 0, & \text{当}\, b \notin B \end{cases}$$

有$\rho(A)/f=\{[0]_2,[1]_2\}$,$[0]_2=\{\varnothing,\{a\},\{c\},\{a,c\}\}$,$[1]_2=\{\{b\},\{a,b\},\{b,c\},\{a,b,c\}\}$。

(2) 商代数$(S/f,*)$与$(f(S),*)$同构。

如例 5.13 中$(\rho(A)/h,\wedge,\vee)$和$(h(\rho(A)),\wedge,\vee)$同构。$\rho(A)/h=\{[0]_2,[1]_2\}$,$h(\rho(A))=\{0,1\}$。

例 5.14 代数结构$(A,*)$,$A=\{0,1,2,3\}$,$*$定义为:$\forall a,b\in A, a*b=\max(a,b)$,单位元为 0,零元为 3。设映射$f: A\to\{0,1\}$,有

$$f(a) = \begin{cases} 1, & \text{当}\, a \geq 2 \\ 0, & \text{当}\, a < 2 \end{cases}$$

因为$\forall a,b\in A, f(a*b)=f(\max(a,b))=f(a)\vee f(b)$,所以$(A,*)$与$(\{0,1\},\vee)$同态。$A/f=\{[0]_2,[1]_2\}$,$[0]_2=\{0,1\}$,$[1]_2=\{2,3\}$。代数结构$(A,*)$与其商代数$(A/f,\vee)$自然同态,商代数$(A/f,\vee)$与$(\{0,1\},\vee)$同构。

*	0	1	2	3
0	0	1	2	3
1	1	1	2	3
2	2	2	2	3
3	3	3	3	3

→

$f(a*b)$	0	1	2	3
0	0	0	1	1
1	0	0	1	1
2	1	1	1	1
3	1	1	1	1

→

$\vee$	0	1
0	0	1
1	1	1

5.2 群的定义

群是一种基本的代数结构,借助群、环、域等代数结构,可以实现对信息安全许多事物的本质进行刻画。

定义 5.8 群

设 G 是一个带有运算"$\oplus$"的非空集合,且其中的运算满足以下 4 个条件,则称 $(G, \oplus)$ 是一个群。

(1) 封闭律,$\forall a,b \in G$,有 $a \oplus b \in G$;

(2) 结合律,$\forall a,b,c \in G$,有 $(a \oplus b) \oplus c = a \oplus (b \oplus c)$;

(3) 幺元律,$\exists e \in G, \forall a \in G$,有 $a \oplus e = e \oplus a = a$,称 e 为单位元;

(4) 逆元律,$\forall a \in G, \exists b \in G$,有 $a \oplus b = b \oplus a = e$,称 b 为 a 的逆元。

例 5.15 $(\mathbf{Z}, +)$ 是否是群?

解:(1) 整数相加仍为整数,所以满足封闭性;

(2) 加法满足结合律;

(3) $0 \in \mathbf{Z}, \forall x \in \mathbf{Z}, x + 0 = 0 + x = x$,单位元是 0;

(4) $\forall x \in \mathbf{Z}, x + (-x) = 0$,所以每个元素的逆元为相反数。

因此 $(\mathbf{Z}, +)$ 是群。

例 5.16 $(\mathbf{Z}, *)$ 是一个群吗?其中,$\forall a,b \in \mathbf{Z}, a*b = a+b+ab$。

解:(1) 整数运算后结果仍为整数,所以满足封闭性;

(2) $\forall a,b,c \in \mathbf{Z}, a*b*c = (a+b+ab)*c = a+b+c+ab+ac+bc+abc$,
$a*(b*c) = a*(b+c+bc) = a+b+c+ab+ac+bc+abc$,所以满足结合律;

(3) 设有单位元为 e,$\forall a \in \mathbf{Z}$,则 $a = a*e = e*a = a+e+ae$,所以 $e = -ae$,即 $e = 0$;

(4) 设 $\forall a \in \mathbf{Z}$,若 $\exists a^{-1} \in \mathbf{Z}$,有 $a*a^{-1} = a + a^{-1} + aa^{-1} = e = 0$,所以 $a^{-1} = -a/(1+a)$,可以看出 -1 的逆元不存在。

因此,$(\mathbf{Z}, *)$ 不是群。

若一个代数结构只满足封闭性和结合律,则称**为半群**;若这个半群中存在单位元,则称**为单位半群**(含幺半群);一个单位半群如果满足逆元律则就成为群。

因此例 5.16 中 $(\mathbf{Z}, *)$ 是单位半群。同理,$(\mathbf{R} - \{0\}, \times)$ 是群,$(\mathbf{R}, \times)$ 不是群,只是单位半群;$(\mathbf{Z}, +)$ 是群,$(\mathbf{N}, +)$ 不是,只是单位半群。

模 n 的一个完系与模 n 的加法构成的代数结构 $(\mathbf{Z}_n, +_n)$ 是群,而与模 n 的乘法构成的代数结构 $(\mathbf{Z}_n, \times_n)$ 是单位半群,因为 0 一定没有逆元。$(\mathbf{Z}_n - \{0\}, \times_n)$ 可能是群,也可能不是。若 n 是素数,则 $\mathbf{Z}_n - \{0\}$ 中的元素均与 n 互质,因此均有逆元,则 $(\mathbf{Z}_n - \{0\}, \times_n)$ 是群;若 n 是合数,则 $\mathbf{Z}_n - \{0\}$ 中 n 的因子没有逆元,因此 $(\mathbf{Z}_n - \{0\}, \times_n)$ 只是单位半群。

若一个群满足交换律,则称为**阿贝尔(Abel)群**,即**交换群**。$(\mathbf{R} - \{0\}, \times), (\mathbf{Z}, +), (\mathbf{R}, +)$ 等都是 Abel 群,可逆矩阵的乘法群不是阿贝尔群。

定理 5.1 若 $(G, *)$ 是群,并且 $|G| > 1$,那么 $(G, *)$ 中没有零元

证明:设 θ 为群 $(G, *)$ 的零元,e 为单位元,则 $\forall x \in G$,均有:$x*e = e*x = x$,$x*\theta = \theta*x = \theta$。

若 $e = \theta$,则 $\forall x \in G, \theta = x*\theta = x*e = x$,所以 $G = \{\theta\}$,与 $|G| > 1$ 矛盾。

所以 $e \neq \theta$,但 $e = \theta * e = \theta$,矛盾,所以群 $(G, *)$ 中没有零元。证毕。

因此,$(\mathbf{R}, \times)$ 不是群,因为 $(\mathbf{R}, \times)$ 有零元 0。

例 5.17 设 $(G, *)$ 为群,求证:$\forall a,b \in G$,有 $(a*b)^{-1} = b^{-1} * a^{-1}$。

证明:设群 $(G, *)$ 的单位元为 e,

$\forall a,b \in G$,有$(b^{-1}*a^{-1})*(a*b)=b^{-1}*(a^{-1}*a)*b=b^{-1}*e*b=b^{-1}*b=e$,所以$(a*b)^{-1}=b^{-1}*a^{-1}$。证毕。

定义 5.9 无限群与有限群

设$(G,*)$为群,当$|G|=+\infty$时称该群为无限群;当$|G|=n<+\infty$时,称为有限群,群G的阶为n。

其中,$|G|$为G中元素的个数,叫 **G 的阶**。如$G=\{1,-1,i,-i\}$,群$(G,\times)$是4阶群;$(\mathbf{R}-\{0\},\times)$,$(\mathbf{Z},+)$元素个数无限,为无限群。

定义 5.10 元素的阶

群G的单位元为e,$\forall a \in G$,若$\exists n \in \mathbf{Z}^+$,使$a^n=e$,则称$a$是有限阶元素,最小的$n$叫作$a$的阶,记为$|a|$,否则称$a$是无限阶元素,记$|a|=+\infty$。

例 5.18 (1) 群$G=(\mathbf{Z},+)$中,$e=0$,$|G|=|Z|=+\infty$。

$|0|=1$,$|1|=+\infty$,$|2|=+\infty$,$\forall a \neq 0$,$|a|=+\infty$。因此,单位元 0 是 1 阶元,其余的都是无限阶元。

(2) 群$G=(\mathbf{Z}_{12},+_{12})$中,$e=0$,$|G|=|\mathbf{Z}_{12}|=12$。

$|0|=1$,$|1|=12$,$|2|=6$,$|3|=4$,$|4|=3$,$|5|=12$,

$|6|=2$,$|7|=12$,$|8|=3$,$|9|=4$,$|10|=6$,$|11|=12$。

【请你注意】 运算的简写

群$G=(\mathbf{Z},+)$中,有$3^1=3$,$3^2=6$,$3^5=15$,$3^{-5}=(3^{-1})^5=(-3)^5=-15$。

群$G=(\mathbf{Z}_{12},+_{12})$中,有$3^1=3$,$3^2=6$,$3^5=3$,$3^{-5}=(3^{-1})^5=9^5=9$。

例 5.19 群$(\mathbf{Z}_7^*,\times_7)$,$\mathbf{Z}_7^*=\{1,2,3,4,5,6\}$,$\forall x,y \in \mathbf{Z}_7^*$,$x \times_7 y = x \times y (\bmod 7)$,其中,$|1|=1$,$|2|=3$,$|3|=6$,$|4|=3$,$|5|=6$,$|6|=2$,因此 1 是 1 阶元,3 和 5 是 6 阶元,2 和 4 是 3 阶元,6 是 2 阶元。

例 5.20 群$(\mathbf{Z}_6,+_6)$,$\mathbf{Z}_6=\{0,1,2,3,4,5\}$,$\forall x,y \in \mathbf{Z}_6$,$x +_6 y = x+y(\bmod 6)$,其中,$|0|=1$,$|1|=6$,$|2|=3$,$|3|=2$,$|4|=3$,$|5|=6$,因此 0 是 1 阶元,1 和 5 是 6 阶元,2 和 4 是 3 阶元,3 是 2 阶元。

例 5.21 在一个群$(G,*)$里,若$a=a^{-1}$,请计算$|a|$。

解:设群$(G,*)$的单位元为e,$a*a^{-1}=e=a^2$,所以$|a||2$。所以$|a|=1$或 2。

若$a=e$,则$|a|=1$;否则$|a|=2$。

定理 5.2 元素阶的基本性质

(1) 若$|a|=n$,则$a^m=e$当且仅当$n|m$;

(2) $|a|=|a^{-1}|$;

(3) 若$|a|=n$,则$\forall m \in \mathbf{Z}$,$|a^m|=n/(n,m)$;

(4) $|a| \mid |G|$。

例 5.22 群$(\mathbf{Z}_6,+_6)$,$\mathbf{Z}_6=\{0,1,2,3,4,5\}$,$\forall x,y \in \mathbf{Z}_6$,$x +_6 y=x+y(\bmod 6)$,其中,$|1|=6$,所以有

$$|2|=|1^2|=|1|/(2,|1|)=3,$$
$$|3|=|1^3|=|1|/(3,|1|)=2,$$
$$|4|=|1^4|=|1|/(4,|1|)=3,$$
$$|5|=|1^5|=|1|/(5,|1|)=6,$$

$$|0|=|1^6|=|1|/(6,|1|)=1$$

例 5.23 求证：$(G,*)$ 是交换群，若 $|a|$ 与 $|b|$ 互质，则 $|a*b|=|a|*|b|$。

证明：设 $k=|a*b|$，$t=|b|$，$s=|a|$，所以 $(a*b)^k=a^s=b^t=e$，

因为 $a*b=b*a$，则 $(a*b)^{ts}=a^{ts}*b^{ts}=e^t*e^s=e$，所以 $k|ts$，

因为 $e=(a*b)^{ks}=a^{ks}*b^{ks}=e^k*b^{ks}=b^{ks}$，所以 $t|ks$，

因为 $(t,s)=1$，所以 $t|k$，同理，$s|k$，因为 $(t,s)=1$，所以 $ts|k$，

所以 $k=ts$。证毕。

实际上，例 5.23 可以与定理 3.2(7) 相互印证。

【进一步的知识】 元素的阶在密码学中的应用

密码分析是一门研究在不知道正常解密时所需要的密钥的情况下，对被加密的密文信息进行解密的科学。虽然其目标自古以来都一样，但实际使用的方法和技巧则随着密码学变得越来越复杂而日新月异，与密码学共同进化。总是有新的密码机制被设计出来并取代已经被破解的设计，同时也总是有新的密码分析方法被发明出来以破解那些改进了的方案。事实上，密码和密码分析是同一枚硬币的正反两面：为了创建安全的密码，就必须考虑到可能的密码分析，成功的密码分析不仅能恢复出消息的明文或密钥，还可以发现密码体制的弱点。

密码分析有唯密文、已知明文、选择明文、选择密文、选择文本等 5 种情形，这里不再深入展开，只介绍一个简单的密码分析的方法：定点攻击。

以凯撒密码为例，若明文为 M，密文为 C，加密机制为：$C=M+3\pmod{26}$，则"good"将被加密为"jrrg"。如何将"jrrg"解密恢复成"good"呢？一种方式当然是利用解密公式：$M=C-3\pmod{26}$ 直接计算。如果不知道解密算法和密钥呢？可以不断将输出的密文输入加密算法，重复迭代进行加密，如下表所示。

第 1 次被加密为	muuj		第 15 次被加密为	ckkz
第 2 次被加密为	pxxm		第 16 次被加密为	fnnc
第 3 次被加密为	saap		第 17 次被加密为	iqqf
第 4 次被加密为	vdds		第 18 次被加密为	ltti
第 5 次被加密为	yggv		第 19 次被加密为	owwl
第 6 次被加密为	bjjy		第 20 次被加密为	rzzo
第 7 次被加密为	emmb		第 21 次被加密为	uccr
第 8 次被加密为	hppe		第 22 次被加密为	xffu
第 9 次被加密为	kssh		第 23 次被加密为	aiix
第 10 次被加密为	nvvk		第 24 次被加密为	dlla
第 11 次被加密为	qyyn		第 25 次被加密为	good
第 12 次被加密为	tbbq		第 26 次被加密为	jrrg
第 13 次被加密为	weet		第 27 次被加密为	muuj
第 14 次被加密为	zhhw		第 28 次被加密为：	pxxm

"jrrg"被加密成为密文"muuj"，"muuj"被加密成为密文"pxxm"，"pxxm"被加密成为密文"saap"……在第 26 次中输出的密文"jrrg"，说明本次输入的明文（前一次的密文）"good"就是需要求解出的明文。

如果加密机制调整为：$C=M+2(\mod 26)$，则待解密的密文变为"iqqf"，上述解密过程变为"iqqf"→"kssh"→"muuj"→"owwl"→"qyyn"→"saap"→"uccr"→"weet"→"yggv"→"aiix"→"ckkz"→"ewwb"→"good"→"iqqf"，当输出的密文再次出现"iqqf"则解密过程停止，前一次密文"good"即为所求的明文。

上述迭代过程可以用公式表示为：$M_{i+1}=M_i+k(\mod 26)$，若 $M_i=M_0$，则已恢复出明文，迭代停止。此时意味着 $k\times i(\mod 26)=0$，因此，当 $k=3$ 时，最小的 i 为 26，重复 26 次迭代操作后，可以恢复出明文。当 $k=2$ 时，最小的 i 为 13，重复 13 次迭代操作后，可以恢复出明文。

实际上，$C=M+k(\mod 26)$ 加密是在群 $(\mathbf{Z}_{26},+_{26})$ 上定义的，迭代循环的最小次数 i 即为 k 的阶 $|k|$，由定理 5-2 可知，$|k|\,|\,26$。因此可以只判断第 13 次和第 26 次迭代加密出的数据是否是明文，将密文迭代加密最多经过 26 次后，一定可以恢复出明文。显然，对于计算机处理来说凯撒密码是极端不安全的。

对于 RSA 密码机制，也可以进行同样的密码分析处理。如取两个素数 p 和 q 分别为 11 和 17，加密指数 e 为 3，则加密密钥为 $(187,3)$，解密密钥为 $(187,107)$。加密机制为：$C=M^3(\mod 187)$，解密机制为：$M=C^{107}(\mod 187)$。输入字符串"good"将按字母被加密为"Vddo"。如果不知道解密密钥，可以将密文作为明文进行迭代加密："Vddo"→"Eood"→"ëddo"→"good"→"Vddo"，经过 4 次迭代后，可解密出明文为"good"。

若 $\forall x\in C$，有 $x=x^{3^i}(\mod 187)$，即 $x=x^{3^i}(\mod 11)$ 且 $x=x^{3^i}(\mod 17)$。故

$$\begin{cases}3^i=1(\mod 10)\\3^i=1(\mod 16)\end{cases}\Rightarrow\begin{cases}3^i=1(\mod 2)\\3^i=1(\mod 5)\\3^i=1(\mod 16)\end{cases}\Rightarrow\begin{cases}3^i=1(\mod 5)\\3^i=1(\mod 16)\end{cases}\Rightarrow 3^i=1(\mod 80),$$

故最小的 $i=4$。

再取 e 为 7，有 $x=x^{7^i}(\mod 187)$，故

$$\begin{cases}7^i=1(\mod 10)\\7^i=1(\mod 16)\end{cases}\Rightarrow\begin{cases}7^i=1(\mod 2)\\7^i=1(\mod 5)\\7^i=1(\mod 16)\end{cases}\Rightarrow\begin{cases}7^i=1(\mod 5)\\7^i=1(\mod 16)\end{cases}\Rightarrow\begin{cases}i=0(\mod 4)\\i=0(\mod 2)\end{cases},$$

故最小的 $i=4$。

如改取两个素数 p 和 q 分别为 11 和 19，加密指数 e 为 7，若 $\forall x\in C$，有 $x=x^{7^i}(\mod 209)$，故

$$\begin{cases}7^i=1(\mod 10)\\7^i=1(\mod 18)\end{cases}\Rightarrow\begin{cases}7^i=1(\mod 2)\\7^i=1(\mod 5)\\7^i=1(\mod 9)\end{cases}\Rightarrow\begin{cases}i=0(\mod 4)\\i=0(\mod 3)\end{cases}\Rightarrow i=0(\mod 12),$$

故最小的 $i=12$。

实际上，$C=M^e(\mod pq)$ 加密是在半群 $(\mathbf{Z}_{pq},\times_{pq})$ 上定义的，上述迭代过程可以用公式表示为：

$$C_i=C_{i-1}^e=C_0^{e^i}(\mod pq) \tag{5-4}$$

迭代停止时，$C_i=C_0$。

若 $(C,pq)=1$，记 $|C|=k$，$e^i=1(\mod k)$，即 i 取的最小值为单位交换半群 $(\mathbf{Z}_k,\times_k)$ 上 e 的阶。

由于 $|e||k,k|\varphi(pq)=(p-1)(q-1)$，因此 RSA 要求两个素数 p 和 q 必须满足 $p-1$ 和 $q-1$ 奇素因子是大素数。

若改取两个素数 p 和 q 分别为 167 和 563，加密指数 e 为 3，迭代次数 $i=11\,480$。这实际上是因为 $167-1=83\times2,563-1=281\times2,83$ 和 281 均为素数。

定义 5.11 子群

设 $(G,*)$ 为群，A 为 G 的子集合，G 的单位元 $e\in A$，$(A,*)$ 构成群，则称 $(A,*)$ 为 $(G,*)$ 的子群，记为 $(A,*)\leqslant(G,*)$。

若 A 为 G 的真子集，则记为 $(A,*)<(G,*)$。$A=\{e\}$ 以及 G 自身是 G 的两个平凡子群，其他子群都称为非平凡子群。

如 $(\mathbf{Z}_{\text{偶}},+)<(\mathbf{Z},+)$，又如 $A=\{0,13\}$，则 $(A,+_{26})<(\mathbf{Z}_{26},+_{26})$。

例 5.24 给定集合 $\mathbf{Z}_{12}=\{0,1,2,3,4,5,6,7,8,9,10,11\}$，定义运算 $+_{12}$：$\forall x,y\in\mathbf{Z}_{12}$，$x+_{12}y=x+y\pmod{12}$，判断下面的集合 S_i 是否是 $(\mathbf{Z}_{12},+_{12})$ 的子群。

(1) $S_1=\{0,2,4,6,8,10\}$；

(2) $S_2=\{1,3,5,7,9,11\}$；

(3) $S_3=\{0,3,6,9\}$；

(4) $S_4=\{0,5,10\}$。

解：(1) S_1 对运算 $+_{12}$ 封闭，单位元 $0\in S_1$，0 和 6 的逆元分别是自身，2 与 10、4 与 8 互为逆元，所以，$(S_1,+_{12})<(\mathbf{Z}_{12},+_{12})$；

(2) $1+_{12}3=4\notin S_2$，所以 S_2 不能构成 $(\mathbf{Z}_{12},+_{12})$ 的子群；

(3) S_3 对运算 $+_{12}$ 封闭，单位元 $0\in S_3$，0 和 6 的逆元分别是自身，3 与 9 互为逆元，所以，$(S_3,+_{12})<(\mathbf{Z}_{12},+_{12})$；

(4) $5+_{12}10=3\notin S_4$，所以 S_4 不能构成 $(\mathbf{Z}_{12},+_{12})$ 的子群。

【你应该知道的】

如果 A 是 G 的有限非空子集合，$(A,*)$ 封闭，则 $(A,*)\leqslant(G,*)$，如果 A 是无限群，则上述结论不能成立。

例如，$(\mathbf{Z},+)$ 是群，$\mathbf{N}$ 对 $+$ 封闭，$\mathbf{N}$ 是 $\mathbf{Z}$ 的子集，但 $(\mathbf{N},+)$ 不是 $(\mathbf{Z},+)$ 的子群，因为自然数在加法运算下没有逆元。

可以通过不断引入新的元素，使集合运算封闭来生成子群，如对于 $(\mathbf{Z}_{12},+_{12})$，最小的能构成子群的集合为 $A=\{e\}=\{0\}$，若在 A 中引入新的元 1 生成子群 B，则 $\{0,1\}\subseteq B$，而 $1+1=2\in B$，同理，$1+1+1=3\in B$……最终 $B=\mathbf{Z}_{12}$。同理，若在 A 中引入新的元 4 生成子群 C，则 $\{0,4\}\subseteq C$，则 $4+4=8\in C,4+4+4=0\in C$，此时集合封闭，因此 $C=\{0,4,8\}$。

因此可以通过群的某一元素的运算幂序列来生成子群。

例 5.25 给定集合 $\mathbf{Z}_{12}=\{0,1,2,3,4,5,6,7,8,9,10,11\}$，定义运算 $+_{12}$：$\forall x,y\in\mathbf{Z}_{12}$，$x+_{12}y=x+y\pmod{12}$，请给出 $(\mathbf{Z}_{12},+_{12})$ 的所有子群。

解：(1) $S_1=\{1,2,3,4,5,6,7,8,9,10,11,0\}=\{1^i|i\in\mathbf{Z}\}$；

(2) $S_2=\{2,4,6,8,10,0\}=\{2^i|i\in\mathbf{Z}\}$；

(3) $S_3=\{3,6,9,0\}=\{3^i|i\in\mathbf{Z}\}$；

(4) $S_4=\{4,8,0\}=\{4^i|i\in\mathbf{Z}\}$；

(5) $S_5=\{6,0\}=\{6^i|i\in\mathbf{Z}\}$；

(6) $S_6 = \{0\} = \{0^i | i \in \mathbf{Z}\}$。

对 $i \in [1,6]$,均有 $(S_i, +_{12}) < (\mathbf{Z}_{12}, +_{12})$。

注意,我们有 $\{1^i | i \in \mathbf{Z}\} = \{5^i | i \in \mathbf{Z}\} = \{7^i | i \in \mathbf{Z}\} = \{11^i | i \in \mathbf{Z}\}$;$\{2^i | i \in \mathbf{Z}\} = \{10^i | i \in \mathbf{Z}\}$;$\{3^i | i \in \mathbf{Z}\} = \{9^i | i \in \mathbf{Z}\}$;$\{4^i | i \in \mathbf{Z}\} = \{8^i | i \in \mathbf{Z}\}$。

这是因为,$|1| = |5| = |7| = |11| = 12, |2| = |10| = 6, |3| = |9| = 4, |4| = |8| = 3$。

定义 5.12 循环群

若群 G 中的每个元都能表示成一个元 a 的幂,则称 G 为由 a **生成的循环群**,记作 $G = <a>$,a 称为 G 的**生成元**。

【请你注意】

(1) $<a> = \{a^k | k \in \mathbf{Z}\}$,$a^0 = e$,这里所说 a 的幂包含 a 的"负幂",即 a^{-1} 的幂,$a^{-n} = (a^{-1})^n$。

(2) a 生成的循环群的阶等于生成元 a 的阶。如 $(\mathbf{Z}_{12}, +_{12})$ 中,$|<1>| = |1| = 12$,$|<3>| = |3| = 4, |<6>| = |6| = 2$。

(3) 循环群的生成元未必唯一。如 $(\mathbf{Z}_{12}, +_{12}) = <1> = <5>$,$(\mathbf{Z}, +) = <1> = <-1>$。

(4) $<a> = <a^{-1}>$,如 $(\mathbf{Z}, +) = <1> = <-1>$,$(\mathbf{Z}_8, +_8) = <1> = <7>$。

(5) 循环群总是交换群,它可能是无限群或有限群。

(6) 群 G 中任一个元 a 生成 G 的一个**循环子群** $<a>$,如 $<2> = (\{0,2,4,6,8,10\}, +_{12}) \leqslant (\mathbf{Z}_{12}, +_{12})$。

(7) 如果 G 是 n 阶群,它的子群 $<a>$ 的阶为 d,则 $d | n$。

【进一步的知识】

(1) $|a| = \infty \Rightarrow <a> \cong (\mathbf{Z}, +)$;

(2) $|a| = n \Rightarrow <a> \cong (\mathbf{Z}_n, +_n)$;

(3) 对于无限循环群 $<a>$,仅有两个生成元 a 和 a^{-1};

(4) 对于 n 阶循环群 $<a>$,有 a^r 是 $<a>$ 的生成元 $\Leftrightarrow (r, n) = 1$,即 n 阶循环群 $<a>$ 的生成元有 $\varphi(n)$ 个;

(5) 阶是素数的群一定是循环群。

例 5.26 对群 $A = (\mathbf{Z}, +)$ 有 $|A| = |\mathbf{Z}| = \infty, e = 0$,有:

(1) $\cdots, |-2| = \infty, |-1| = \infty, |0| = 1, |1| = \infty, |2| = \infty, \cdots$;

(2) $\cdots, 2^{-3} = -6, 2^{-2} = -4, 2^{-1} = -2, 2^0 = 0, 2^1 = 2, 2^2 = 4, 2^3 = 6, \cdots$;

(3) $<0> = (\{0\}, +)$;$<1> = (\mathbf{Z}, +) = <-1>$;$<2> = (\mathbf{Z}_{偶}, +) = <-2>$;
$\forall n \in \mathbf{Z}, <n> = (\mathbf{Z}_n, +), \mathbf{Z}_n = \{kn | k \in \mathbf{Z}\}$;

(4) $|<0>| = |0| = 1, |<1>| = |1| = \infty, |<n>| = |n| = \infty$。

【思考】

前面讲到,由群中任意一个元素可以生成这个群的一个子群,如 $<2> = (\{0,2,4\}, +_6) \leqslant (\mathbf{Z}_6, +_6)$,那么若干个元素组成一个集合是否能生成子群呢?

如群 $G = (\mathbf{Z}_6, +_6), B = \{1, 2\}$,你能计算出 $<B>$ 吗?

如果 $B = \{2, 3\}$ 呢?你能模仿 $<a> = \{a^k | k \in \mathbf{Z}\}$ 写出 $<B>$ 的公式吗?

对于任意群 G,有子集合 $X = \{x_i | i \in [1, n], n \in \mathbf{Z}\}$,那么 $<X> = <x_1> \cup <x_2> \cup \cdots \cup <x_n>$ 成立吗?如 $G = (\mathbf{Z}_{12}, +_{12}), X = \{2, 3\}, <X> = <2> \cup <3>$ 对吗?

定理 5.3 子群判定定理

有群 G，若非空集合 $H \subseteq G$，$H \leqslant G$ 的充要条件是 $\forall a, b \in H$，有 $ab^{-1} \in H$。

证明：($\Rightarrow$) 设 $H \leqslant G$，则 $\forall b \in H$ 有 $b^{-1} \in H$，所以 $\forall a \in H$，有 $ab^{-1} \in H$。

($\Leftarrow$) 若 $\forall a, b \in H$，有 $ab^{-1} \in H$，设 G 的单位元为 e，所以可取 $b = a$，有 $e = aa^{-1} \in H$，所以 H 有单位元 e。

$\forall a \in H$，有 $a^{-1} = ea^{-1} \in H$，所以 H 的每个元均存在逆元；

$\forall a, b \in H$，有 $b^{-1} \in H$，有 $ab = a(b^{-1})^{-1} \in H$，所以 H 运算封闭；

$\forall a, b, c \in H$，$abc, a(bc) \in H$，因为 G 是群，所以 H 运算满足结合律。

所以 H 是群，因为 $H \subseteq G$，所以 $H \leqslant G$。证毕。

例 5.27 设 G 是有限交换群，e 是 G 的单位元，n 是 $|G|$ 的因子，$S = \{x \mid x^n = e, x \in G\}$ 求证：$S \leqslant G$。

证明：因为 $e^n = e$，所以 $e \in S$。

因为 G 是有限交换群，所以 $\forall a \in S$，有 $(a^{-1})^n = a^n (a^{-1})^n = (aa^{-1})^n = e$，所以 $a^{-1} \in S$，

即 $\forall a, b \in S$，有 $(ab^{-1})^n = a^n (b^{-1})^n = e$，所以 $ab^{-1} \in S$，

所以根据定理 5.3，$S \leqslant G$。证毕。

如对 $G = (\mathbf{Z}_{12}, +_{12})$，$|G| = 12$，$n$ 可取 12 的因子，分别为 1、2、3、4、6、12，对于 $S_n = \{x \mid x^n = e, x \in G\}$ 有 $S_n \leqslant G$。

从元素的阶的观点来看 $x^n = e$，根据定理 5.2，$|x| \mid n$。

因为 $e = 0, 0^1 = 0, 1^{12} = 0, 2^6 = 0, 3^4 = 0, 4^3 = 0, 5^{12} = 0, 6^2 = 0, 7^{12} = 0, 8^3 = 0, 9^4 = 0, 10^2 = 0, 11^{12} = 0$。

所以 $S_1 = \{0\}, S_2 = \{0, 6\}, S_3 = \{0, 4, 8\}, S_4 = \{0, 3, 6, 9\}, S_6 = \{0, 2, 4, 6, 8, 10\}, S_{12} = G$。

例 5.28 设 $H \leqslant G$，令 $xHx^{-1} = \{xhx^{-1} \mid h \in H, x \in G\}$，求证：$xHx^{-1} \leqslant G$。

证明：因为 $H \leqslant G$，设 G 的单位元为 e，所以 $e \in H$，则 $e = xex^{-1} \in xHx^{-1}$，

而 $\forall h \in H, x \in G$ 有 $e = exhx^{-1} = xhx^{-1}e$，所以 xHx^{-1} 有单位元 e；

因为 $\forall h \in H, x \in G$，有 $xhx^{-1} \in xHx^{-1}$，$h^{-1} \in H$，所以 $xh^{-1}x^{-1} \in xHx^{-1}$，

所以 $xhx^{-1}(xh^{-1}x^{-1}) = xh\,h^{-1}x^{-1} = e$，即 $(xhx^{-1})^{-1} = xh^{-1}x^{-1}$，

所以 xHx^{-1} 的每个元均存在逆元；

因为 $\forall h_1, h_2 \in H, x \in G$，有 $xh_1x^{-1}, xh_2x^{-1} \in xHx^{-1}$，则：

$xh_1x^{-1}(xh_2x^{-1})^{-1} = xh_1x^{-1}xh_2^{-1}x^{-1} = xh_1h_2^{-1}x^{-1}$，

因为 $H \leqslant G$，所以 $h_1h_2^{-1} \in H$，所以 $xh_1x^{-1}(xh_2x^{-1})^{-1} \in xHx^{-1}$，

所以根据定理 5.3，$xHx^{-1} \leqslant G$。证毕。

如对 $G = (\mathbf{Z}_{12}, +_{12})$，根据前面的分析 H 可取 $H_1 = \{0\}, H_2 = \{0, 6\}, H_3 = \{0, 4, 8\}, H_4 = \{0, 3, 6, 9\}, H_5 = \{0, 2, 4, 6, 8, 10\}, H_6 = G$。所以：

$xH_1x^{-1} = \{x +_{12} 0 +_{12} x^{-1}\} = \{0\} = H_1$；

$xH_2x^{-1} = \{x +_{12} 0 +_{12} x^{-1}, x +_{12} 6 +_{12} x^{-1}\} = \{0, 6\} = H_2$；

$xH_3x^{-1} = \{x +_{12} 0 +_{12} x^{-1}, x +_{12} 4 +_{12} x^{-1}, x +_{12} 8 +_{12} x^{-1}\} = \{0, 4, 8\} = H_3$；

$xH_4x^{-1} = \{x +_{12} 0 +_{12} x^{-1}, x +_{12} 3 +_{12} x^{-1}, x +_{12} 6 +_{12} x^{-1}, x +_{12} 9 +_{12} x^{-1}\} = \{0, 3, 6, 9\} = H_4$；

$xH_5x^{-1} = \{x +_{12} 0 +_{12} x^{-1}, x +_{12} 2 +_{12} x^{-1}, x +_{12} 4 +_{12} x^{-1}, x +_{12} 6 +_{12} x^{-1}, x +_{12} 8 +_{12} x^{-1},$

$x +_{12} 10 +_{12} x^{-1}\} = \{0,2,4,6,8,10\} = H_5$；

$xH_6x^{-1} = G = H_6$；

这是因为 $G = (\mathbf{Z}_{12}, +_{12})$ 具有交换律，所以 $xHx^{-1} = H$。

定义 5.13　陪集

设 $H \leqslant G, \forall a \in G$，集合 $aH = \{ah \mid h \in H\}$ 叫作 G 中 H 的左陪集，aH 中的元素叫作 aH 的代表元，对应的 Ha 叫作 G 中 H 的右陪集，Ha 中的元素叫作 Ha 的代表元。如果 $aH = Ha$，aH 叫作 G 中 H 的陪集，H 叫作 G 的**正规子群(不变子群)**，记作 $H \triangleleft G$。

对群 $(\mathbf{Z}, +)$，模 3 的剩余类为 $0 \pmod{3}$、$1 \pmod{3}$、$2 \pmod{3}$，记为 $[0]_3$、$[1]_3$ 和 $[2]_3$，按照剩余类可以将 $\mathbf{Z}$ 进行分类：$\mathbf{Z}_3 = \{[0]_3, [1]_3, [2]_3\}$，利用群的思想分析此分类，发现以下两个结论。

(1) 分类中存在一个特殊类 $[0]_3 = \{\cdots, -6, -3, 0, 3, 6, \cdots\}$，它是群 $(\mathbf{Z}, +)$ 的子群，$(\mathbf{Z}, +)$ 的单位元是它的单位元，除此之外其余的类都不是 $(\mathbf{Z}, +)$ 的子群。

(2) 每个类都是子群 $[0]_3$ 的陪集：$[k]_3 = k [0]_3, k = 0, 1, 2$。

因此陪集可以认为是利用子群对群进行分类。

例 5.29　对群 $(\mathbf{Z}, +)$，设 $n > 1, n \in \mathbf{Z}$，若 $H = n\mathbf{Z}$，则 $H \leqslant G$。$\forall a \in G$，陪集 $aH = a + n\mathbf{Z} = \{a + nk \mid k \in \mathbf{Z}\}$。这个陪集就是模 n 的剩余类 Ca。

例 5.30　对 $G = (\mathbf{Z}_{12}, +_{12})$，若 $H = \{0, 6\}$，$H \leqslant G$，则 aH 分别为：$0 +_{12} H = \{0, 6\}$，$1 +_{12} H = \{1, 7\}$，$2 +_{12} H = \{2, 8\}$，$3 +_{12} H = \{3, 9\}$，$4 +_{12} H = \{4, 10\}$，$5 +_{12} H = \{5, 11\}$，$6 +_{12} H = \{0, 6\}$，$7 +_{12} H = \{1, 7\}$，$8 +_{12} H = \{2, 8\}$，$9 +_{12} H = \{3, 9\}$，$10 +_{12} H = \{4, 10\}$，$11 +_{12} H = \{5, 11\}$，不同的陪集有 6 个，每个陪集的阶均为 2。

相似地，若 $H = \{0, 4, 8\}$，$0 +_{12} H = \{0, 4, 8\}$，$1 +_{12} H = \{1, 5, 9\}$，$2 +_{12} H = \{2, 6, 10\}$，$3 +_{12} H = \{3, 7, 11\}$，$4 +_{12} H = \{0, 4, 8\}$，$5 +_{12} H = \{1, 5, 9\}$，$6 +_{12} H = \{2, 6, 10\}$，$7 +_{12} H = \{3, 7, 11\}$，$8 +_{12} H = \{0, 4, 8\}$，$9 +_{12} H = \{1, 5, 9\}$，$10 +_{12} H = \{2, 6, 10\}$，$11 +_{12} H = \{3, 7, 11\}$，不同的陪集有 4 个，每个陪集的阶均为 3。

定理 5.4　左陪集的性质

若 G 是有限群，$H \leqslant G, \forall a, b \in G$，有：

(1) 不同的 aH 有 $|G|/|H|$ 个；

(2) 若 $a \in H$，则 $aH = Ha = H$；

(3) 若 $b^{-1}a \in H$，则 $aH = bH$，否则 $aH \cap bH = \varnothing$；

(4) 不相交的左陪集的并集为 G。

群 G 中每个元素一定属于且仅属于一个左陪集，可以按照子群 H 的左陪集将群 G 进行分类，称为群 G 关于 H 的左陪集分解；分类中除了 H 外，再无子群存在。

右陪集具有与左陪集相似的性质，此处从略。

定理 5.5　左陪集和右陪集的对应关系

若 G 是有限群，$H \leqslant G$，有：

(1) G 中 H 的任意两个陪集元素个数相等；

(2) G 中 H 的左陪集个数和右陪集个数相等。

如例 5.29 中，$G=(\mathbf{Z}_{12},+_{12})$，$H=\{0,6\}$，$H\triangleleft G$，不同的陪集 aH 有 $|G|/|H|=12/2=6$ 个，分别为：$\{0,6\}$、$\{1,7\}$、$\{2,8\}$、$\{3,9\}$、$\{4,10\}$ 和 $\{5,11\}$。

这 6 个陪集具有两个特点：不相交、并集为 G，可以实现对 G 的一个划分。划分的结果称为**商集** $G/H=\{\{0,6\},\{1,7\},\{2,8\},\{3,9\},\{4,10\},\{5,11\}\}=\{[0],[1],[2],[3],[4],[5]\}$，读作 $G \bmod H$，有 $|G|/|H|=|G/H|$。

商集与运算 $*$ 构成商群，运算 $*$ 定义为：$\forall a,b \in G$，则 $aH,bH \in G/H$，有 $aH*bH=abH$。因此商代数 $(\mathbf{Z}_{12}/\{0,6\},+_{12})$ 构成群，$(\mathbf{Z}_{12}/\{0,6\},+_{6})$ 也构成群。

【进一步的知识】

这个商群 G/H 与 G 自然同态，与 $(Z_n,+_n)$ 同构。因此有 $(Z_{12}/\{0,6\},+_6)\cong(Z_6,+_6)$，$(Z_{12}/\{0,4,8\},+_4)\cong(Z_4,+_4)$。

5.3 置换群

在介绍置换群之前，需首先了解一下变换的概念。从集合 A 到自身的一一对应的映射，称为对集合 A 的一个变换。变换构成的集合对于变换的乘法（复合变换），构成一个群，称为 A 上的变换群。

定义 5.14 置换群

一个有限集合的一个一一变换叫作一个置换。若干个置换构成的群叫作**置换群**，置换群上的运算为复合变换运算。

一个包含 n 个元的集合的所有置换构成的群叫作 **n 元对称群**。

如第 3 章原根与指数中，以模 7 的原根 3 生成模 7 的缩系如表 5-1 所示。

表 5-1 以模 7 的原根 3 生成模 7 的缩系

k	1	2	3	4	5	6
$a=3^k$	3	2	6	4	5	1

这其实是集合 $A=\{1,2,3,4,5,6\}$ 上的一个双射 $f:A\to A$，$f(1)=3$，$f(2)=2$，$f(3)=6$，$f(4)=4$，$f(5)=5$，$f(6)=1$。可以将其写成一个置换的形式：

$$\tau=\begin{pmatrix} 1 & 2 & 3 & 4 & 5 & 6 \\ 3 & 2 & 6 & 4 & 5 & 1 \end{pmatrix}$$

还可以用模 7 的另一个原根 5 生成模 7 的缩系，如表 5-2 所示。

表 5-2 以原根 5 生成模 7 的缩系

k	1	2	3	4	5	6
$a=5^k$	5	4	6	2	3	1

这其实是集合 $A=\{1,2,3,4,5,6\}$ 上的另一个双射 $g:A\to A$，$g(1)=5$，$g(2)=4$，$g(3)=6$，$g(4)=2$，$g(5)=3$，$g(6)=1$。可以将其写成一个置换：

$$\sigma=\begin{pmatrix} 1 & 2 & 3 & 4 & 5 & 6 \\ 5 & 4 & 6 & 2 & 3 & 1 \end{pmatrix}$$

显然，n元对称群的阶为$n!$。如2元对称群中有两个元：

$$\omega_1 = \begin{pmatrix} 1 & 2 \\ 1 & 2 \end{pmatrix} \quad 和 \quad \omega_2 = \begin{pmatrix} 1 & 2 \\ 2 & 1 \end{pmatrix}$$

3元对称群中有6个元：

$$\omega_1 = \begin{pmatrix} 1 & 2 & 3 \\ 1 & 2 & 3 \end{pmatrix}, \quad \omega_2 = \begin{pmatrix} 1 & 2 & 3 \\ 1 & 3 & 2 \end{pmatrix}, \quad \omega_3 = \begin{pmatrix} 1 & 2 & 3 \\ 2 & 1 & 3 \end{pmatrix},$$

$$\omega_4 = \begin{pmatrix} 1 & 2 & 3 \\ 2 & 3 & 1 \end{pmatrix}, \quad \omega_5 = \begin{pmatrix} 1 & 2 & 3 \\ 3 & 1 & 2 \end{pmatrix}, \quad \omega_6 = \begin{pmatrix} 1 & 2 & 3 \\ 3 & 2 & 1 \end{pmatrix}。$$

因为$g(g(1))=g(5)=3, g(g(2))=g(4)=2, g(g(3))=g(6)=1, g(g(4))=g(2)=4, g(g(5))=g(3)=6, g(g(6))=g(1)=5$。可以更直观地记录为如下的形式：

$$\sigma^2 = \begin{pmatrix} 1 & 2 & 3 & 4 & 5 & 6 \\ 5 & 4 & 6 & 2 & 3 & 1 \end{pmatrix} \begin{pmatrix} 1 & 2 & 3 & 4 & 5 & 6 \\ 5 & 4 & 6 & 2 & 3 & 1 \end{pmatrix}$$

$$= \begin{pmatrix} 1 & 2 & 3 & 4 & 5 & 6 \\ 5 & 4 & 6 & 2 & 3 & 1 \end{pmatrix} \begin{pmatrix} 5 & 4 & 6 & 2 & 3 & 1 \\ 3 & 2 & 1 & 4 & 6 & 5 \end{pmatrix} = \begin{pmatrix} 1 & 2 & 3 & 4 & 5 & 6 \\ 3 & 2 & 1 & 4 & 6 & 5 \end{pmatrix};$$

同理，

$$\sigma\tau = \begin{pmatrix} 1 & 2 & 3 & 4 & 5 & 6 \\ 5 & 4 & 6 & 2 & 3 & 1 \end{pmatrix} \begin{pmatrix} 1 & 2 & 3 & 4 & 5 & 6 \\ 3 & 2 & 6 & 4 & 5 & 1 \end{pmatrix}$$

$$= \begin{pmatrix} 1 & 2 & 3 & 4 & 5 & 6 \\ 5 & 4 & 6 & 2 & 3 & 1 \end{pmatrix} \begin{pmatrix} 5 & 4 & 6 & 2 & 3 & 1 \\ 5 & 4 & 1 & 2 & 6 & 3 \end{pmatrix} = \begin{pmatrix} 1 & 2 & 3 & 4 & 5 & 6 \\ 5 & 4 & 1 & 2 & 6 & 3 \end{pmatrix}。$$

注意，置换群（变换群）不一定是交换群。

$$\tau\sigma = \begin{pmatrix} 1 & 2 & 3 & 4 & 5 & 6 \\ 3 & 2 & 6 & 4 & 5 & 1 \end{pmatrix} \begin{pmatrix} 1 & 2 & 3 & 4 & 5 & 6 \\ 5 & 4 & 6 & 2 & 3 & 1 \end{pmatrix}$$

$$= \begin{pmatrix} 1 & 2 & 3 & 4 & 5 & 6 \\ 3 & 2 & 6 & 4 & 5 & 1 \end{pmatrix} \begin{pmatrix} 3 & 2 & 6 & 4 & 5 & 1 \\ 6 & 4 & 1 & 2 & 3 & 5 \end{pmatrix} = \begin{pmatrix} 1 & 2 & 3 & 4 & 5 & 6 \\ 6 & 4 & 1 & 2 & 3 & 5 \end{pmatrix}$$

$$\neq \sigma\tau$$

$$\tau\sigma^2 = \begin{pmatrix} 1 & 2 & 3 & 4 & 5 & 6 \\ 6 & 4 & 1 & 2 & 3 & 5 \end{pmatrix} \begin{pmatrix} 1 & 2 & 3 & 4 & 5 & 6 \\ 5 & 4 & 6 & 2 & 3 & 1 \end{pmatrix} = \begin{pmatrix} 1 & 2 & 3 & 4 & 5 & 6 \\ 1 & 2 & 5 & 4 & 6 & 3 \end{pmatrix},$$

$$\sigma^{-1} = \begin{pmatrix} 1 & 2 & 3 & 4 & 5 & 6 \\ 5 & 4 & 6 & 2 & 3 & 1 \end{pmatrix}^{-1} = \begin{pmatrix} 5 & 4 & 6 & 2 & 3 & 1 \\ 1 & 2 & 3 & 4 & 5 & 6 \end{pmatrix} = \begin{pmatrix} 1 & 2 & 3 & 4 & 5 & 6 \\ 6 & 4 & 5 & 2 & 1 & 3 \end{pmatrix}。$$

【进一步的知识】 置换密码

可以使用一个置换实现简单的加密功能。

例如，"MAGAZINE"通过$\sigma = \begin{pmatrix} 1 & 2 & 3 & 4 \\ 4 & 1 & 2 & 3 \end{pmatrix}$被加密成"AGAMINEZ"。加密过程没有改变明文的字母本身，改变的是位置，即在第2章中介绍过的换位式密码。

如果σ变成：$\begin{pmatrix} A & B & C & D & E & F & G & H & I & J & K & L & M & N & O & P & Q & R & S & T & U & V & W & X & Y & Z \\ V & F & C & P & K & G & Q & N & H & E & U & Y & Z & S & O & A & W & B & D & R & X & M & I & T & J & L \end{pmatrix}$，

即：$\begin{pmatrix} 1 & 2 & 3 & 4 & 5 & 6 & 7 & 8 & 9 & 10 & 11 & 12 & 13 & 14 & 15 & 16 & 17 & 18 & 19 & 20 & 21 & 22 & 23 & 24 & 25 & 26 \\ 22 & 6 & 3 & 16 & 11 & 7 & 17 & 14 & 8 & 5 & 21 & 25 & 26 & 19 & 15 & 1 & 23 & 2 & 4 & 18 & 24 & 13 & 9 & 20 & 10 & 12 \end{pmatrix}$ 则

"MAGAZINE"被加密成为"ZVQVLHSK",这个过程改变的是明文每个位置的字母的值,即第 2 章中介绍过的代替式密码。

凯撒密码的加密算法为 $C=M+3(\bmod 26)$,也是一种代替式密码,可以用置换表示为:
$$\begin{pmatrix} 1 & 2 & 3 & 4 & 5 & 6 & 7 & 8 & 9 & 10 & 11 & 12 & 13 & 14 & 15 & 16 & 17 & 18 & 19 & 20 & 21 & 22 & 23 & 24 & 25 & 26 \\ 4 & 5 & 6 & 7 & 8 & 9 & 10 & 11 & 12 & 13 & 14 & 15 & 16 & 17 & 18 & 19 & 20 & 21 & 22 & 23 & 24 & 25 & 26 & 1 & 2 & 3 \end{pmatrix}。$$

无论是换位式密码,还是代替式密码,如果已知加密的置换,应该如何实现解密呢?

【思考】

前面研究的都是一个置换,那么,你能写出置换群 $<\sigma>$,$<\tau>$,$<\{\sigma,\tau\}>$ 吗?

$$<\sigma>=\left\{\begin{pmatrix}1&2&3&4&5&6\\5&4&6&2&3&1\end{pmatrix},\begin{pmatrix}1&2&3&4&5&6\\3&2&1&4&6&5\end{pmatrix},\begin{pmatrix}1&2&3&4&5&6\\6&4&5&2&1&3\end{pmatrix},\begin{pmatrix}1&2&3&4&5&6\\1&2&3&4&5&6\end{pmatrix}\right\};$$

$<\sigma>$ 满足封闭律和结合律,单位元为 $\begin{pmatrix}1&2&3&4&5&6\\1&2&3&4&5&6\end{pmatrix}$,$\begin{pmatrix}1&2&3&4&5&6\\5&4&6&2&3&1\end{pmatrix}$ 和 $\begin{pmatrix}1&2&3&4&5&6\\6&4&5&2&1&3\end{pmatrix}$ 互为逆元、$\begin{pmatrix}1&2&3&4&5&6\\1&2&3&4&5&6\end{pmatrix}$ 和 $\begin{pmatrix}1&2&3&4&5&6\\3&2&1&4&6&5\end{pmatrix}$ 的逆元是自身,因此 $<\sigma>$ 构成置换群。

同理,$<\tau>=\left\{\begin{pmatrix}1&2&3&4&5&6\\3&2&6&4&5&1\end{pmatrix},\begin{pmatrix}1&2&3&4&5&6\\6&2&1&4&5&3\end{pmatrix},\begin{pmatrix}1&2&3&4&5&6\\1&2&3&4&5&6\end{pmatrix}\right\};$

但是,$<\{\sigma,\tau\}> \neq <\tau> \bigcup <\sigma>$,

$$<\{\sigma,\tau\}> = \{\prod \sigma^{i_k}\tau^{j_k} \mid i_k, j_k, k \in \mathbf{Z}\}$$

$$=\left\{\begin{array}{l}\begin{pmatrix}1&2&3&4&5&6\\1&2&3&4&5&6\end{pmatrix},\begin{pmatrix}1&2&3&4&5&6\\1&2&5&4&6&3\end{pmatrix},\begin{pmatrix}1&2&3&4&5&6\\1&2&6&4&3&5\end{pmatrix},\begin{pmatrix}1&2&3&4&5&6\\1&4&5&2&3&6\end{pmatrix},\\ \begin{pmatrix}1&2&3&4&5&6\\3&2&1&4&6&5\end{pmatrix},\begin{pmatrix}1&2&3&4&5&6\\3&2&6&4&5&1\end{pmatrix},\begin{pmatrix}1&2&3&4&5&6\\3&4&5&2&6&1\end{pmatrix},\begin{pmatrix}1&2&3&4&5&6\\3&4&6&2&1&5\end{pmatrix},\\ \begin{pmatrix}1&2&3&4&5&6\\5&2&3&4&6&1\end{pmatrix},\begin{pmatrix}1&2&3&4&5&6\\5&4&1&2&6&3\end{pmatrix},\begin{pmatrix}1&2&3&4&5&6\\5&4&3&2&1&6\end{pmatrix},\begin{pmatrix}1&2&3&4&5&6\\5&4&6&2&3&1\end{pmatrix},\\ \begin{pmatrix}1&2&3&4&5&6\\6&2&1&4&5&3\end{pmatrix},\begin{pmatrix}1&2&3&4&5&6\\6&2&3&4&1&5\end{pmatrix},\begin{pmatrix}1&2&3&4&5&6\\6&4&1&2&3&5\end{pmatrix},\begin{pmatrix}1&2&3&4&5&6\\6&4&5&2&1&3\end{pmatrix}\end{array}\right\}。$$

【不妨一试】

显然,因为 $|<\sigma>|=4$,$|<\tau>|=3$,动笔计算 $<\sigma>$ 和 $<\tau>$ 难度不大,但计算 $<\{\sigma,\tau\}>$ 的运算量是非常大的,还很容易出错。

你能设计一段程序实现生成置换群的运算吗?

上述置换群的表示方式其实是非常烦琐的,可以利用轮换来简化运算。

定义 5.15 轮换

设 σ 是集合 A 的置换,若可取到 A 的元素 $a_1,a_2,\cdots,a_r$,使 $\sigma(a_1)=a_2$,$\sigma(a_2)=a_3$,…,$\sigma(a_{r-1})=a_r$,$\sigma(a_{r-1})=a_1$,而 σ 不改变 A 的其余的元素,则 σ 称为一个轮换,记为 $(a_1 a_2 \cdots a_r)$。

定理 5.6 每一个置换都可以分解成若干个互相没有共同数字的轮换的乘积。若不计因子的顺序,则分解式唯一。

称互相没有共同数字的轮换为不相交。

例 5.31 $\tau = \begin{pmatrix} 1 & 2 & 3 & 4 & 5 & 6 \\ 3 & 2 & 6 & 4 & 5 & 1 \end{pmatrix} = (1\ 3\ 6)(2)(4)(5) = (1\ 3\ 6)$
$= (3\ 6\ 1) = (6\ 1\ 3);$

$\sigma = \begin{pmatrix} 1 & 2 & 3 & 4 & 5 & 6 \\ 5 & 4 & 6 & 2 & 3 & 1 \end{pmatrix} = (1\ 5\ 3\ 6)(2\ 4)。$

【请你注意】

(1) 轮换的表示与顺序无关,这是因为,每个循环置换都可视为一个首尾相接的圆环,但习惯上,把一个轮换中最小的数字排在第一位。

(2) 置换分解时,长度为 1 的轮换可以省略不写,如 $(1\ 3\ 6)(2)(4)(5)=(1\ 3\ 6)$;单位置换(恒等置换)习惯上写成(1)。

(3) 轮换表达形式简洁,但可能引起混淆,如 $(1\ 2)$ 可能是表示 $\begin{pmatrix} 1 & 2 \\ 2 & 1 \end{pmatrix}$,也可能是表示 $\begin{pmatrix} 1 & 2 & 3 \\ 2 & 1 & 3 \end{pmatrix}$。因此应说明集合元素个数,如 3 元置换 $\sigma=(1\ 2)$,则 $\sigma=\begin{pmatrix} 1 & 2 & 3 \\ 2 & 1 & 3 \end{pmatrix}$。

(4) 一个置换的阶等于其分解出轮换中最长的轮换的长度。如 $\tau=(1\ 3\ 6)$,则 $|\tau|=3$;$\sigma=(1\ 5\ 3\ 6)(2\ 4)$,则 $|\sigma|=4$。

【进一步的知识】 轮换计算的一些小技巧

(1) $(a\ b)(a\ b)=(1)$;

(2) $(a\ b)^{-1}=(a\ b), (a\ b\ c \cdots i\ j)^{-1}=(a\ j\ i \cdots c\ b)$;

(3) $(a\ b)(a\ c)=(a\ b\ c)=(a\ c)(b\ c)$;

(4) $(a\ b\ c\ d)(a\ b\ c\ d)=(a\ c\ b)$;

(5) 当 $(a\ b)$ 与 $(c\ d)$ 两两不等时,$(a\ b)(c\ d)(a\ b)=(c\ d)$。

例 5.32 (1) $(a\ b\ c)(a\ b\ c)=(a\ b)(a\ c)(a\ c)(b\ c)=(a\ b)(b\ c)=(b\ a)(b\ c)=(b\ a\ c)=(a\ c\ b)$;

(2) $(a\ b\ c)^3=(a\ c\ b)(a\ b\ c)=(a\ c)(a\ b)(a\ b)(a\ c)=(1)$;

(3) $(a\ b\ c\ d)(a\ b\ c\ d)=(a\ c)(b\ d)$;

(4) $(a\ b\ c\ d)^4=(a\ c)(b\ d)(a\ c)(b\ d)=(1)$。

例 5.33 $\sigma=(1\ 5\ 3\ 6)(2\ 4)$,则:

$\sigma^2=(1\ 5\ 3\ 6)(2\ 4)(1\ 5\ 3\ 6)(2\ 4)=(1\ 5\ 3\ 6)(1\ 5\ 3\ 6)=(1\ 3)(5\ 6)$;

$\sigma^{-1}=((1\ 5\ 3\ 6)(2\ 4))^{-1}=(1\ 5\ 3\ 6)^{-1}(2\ 4)=(1\ 6\ 3\ 5)(2\ 4)$;

$|\sigma|=|<\sigma>|=|(1\ 5\ 3\ 6)(2\ 4)|=4$。

例 5.34 求正方形的对称变换群。

解:正方形的对称变换有以下两种。

(1) 分别绕中心点按逆时针方向旋转 $90°,180°,270°,360°$;

(2) 关于直线 L_1,L_2,L_3,L_4 的镜面反射。

为了用置换来表示正方形的对称变换,用数字 1、2、3、4 来代表正方形的 4 个顶点。如果对称变换将顶点 i 变为顶点 k,则如表 5-3 和图 5-1 所示。

表 5-3　对称变换的置换表示

对称变换	置换表示
σ 表示绕中心旋转 90°	(1 2 3 4)
σ^2 表示绕中心旋转 180°	(1 3)(2 4)
σ^3 表示绕中心旋转 270°	(1 4 3 2)
σ^4 表示绕中心旋转 360°(恒等变换)	(1)
τ 表示关于 L_1 的反射	(2 4)
τ^2 表示关于 L_2 的反射	(1 2)(3 4)
τ^3 表示关于 L_3 的反射	(1 3)
τ^4 表示关于 L_4 的反射	(1 4)(2 3)

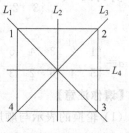

图 5-1　直线的对称变换

实际上，正方形的对称变换群为

$$G = <(1\,2\,3\,4)> \cup <(2\,4)> \cup <(1\,3)> \cup <(1\,2)(3\,4)> \cup <(1\,4)(2\,3)>$$
$$= <\{(1\,2\,3\,4),(2\,4)\}> = <\{(1\,2\,3\,4),(1\,3)\}>$$
$$= <\{(1\,2\,3\,4),(1\,2)(3\,4)\}> = <\{(1\,2\,3\,4),(1\,4)(2\,3)\}>$$
$$= <\{(1\,4\,3\,2),(2\,4)\}> = <\{(1\,4\,3\,2),(1\,3)\}>$$
$$= <\{(1\,4\,3\,2),(1\,2)(3\,4)\}> = <\{(1\,4\,3\,2),(1\,4)(2\,3)\}>。$$

【思考】

例 5.34 中正方形的对称变换群中各元素的最大的阶是多少呢？

n 元对称群 S_n 中，各元素的最大的阶是多少呢？

定理 5.7　任何一个有限群都与一个置换群同构。

【思考】

你能构造出分别与 $(\mathbf{Z}_7 - \{0\}, \times_7)$ 和 $(\mathbf{Z}_6, +_6)$ 同构的置换群吗？

最容易犯的错误是：因为三元对称群 S 的阶为 6，就认为 6 阶有限群与三元对称群 S 同构。实际上三元对称群 S 中，有：

$$S = \left\{ \begin{pmatrix} 1&2&3 \\ 1&2&3 \end{pmatrix}, \begin{pmatrix} 1&2&3 \\ 1&3&2 \end{pmatrix}, \begin{pmatrix} 1&2&3 \\ 2&1&3 \end{pmatrix}, \begin{pmatrix} 1&2&3 \\ 2&3&1 \end{pmatrix}, \begin{pmatrix} 1&2&3 \\ 3&1&2 \end{pmatrix}, \begin{pmatrix} 1&2&3 \\ 3&2&1 \end{pmatrix} \right\}。$$

(1) 单位元：$\begin{pmatrix} 1&2&3 \\ 1&2&3 \end{pmatrix}$。

(2) 逆元：$\begin{pmatrix} 1&2&3 \\ 1&2&3 \end{pmatrix}$、$\begin{pmatrix} 1&2&3 \\ 1&3&2 \end{pmatrix}$、$\begin{pmatrix} 1&2&3 \\ 2&1&3 \end{pmatrix}$、$\begin{pmatrix} 1&2&3 \\ 3&2&1 \end{pmatrix}$ 分别与自身互为逆元，

$\begin{pmatrix} 1&2&3 \\ 2&3&1 \end{pmatrix}$ 和 $\begin{pmatrix} 1&2&3 \\ 3&1&2 \end{pmatrix}$ 互为逆元。

(3) 子群：$S_1 = \left\{ \begin{pmatrix} 1&2&3 \\ 1&2&3 \end{pmatrix} \right\}$，$S_2 = \left\{ \begin{pmatrix} 1&2&3 \\ 1&2&3 \end{pmatrix}, \begin{pmatrix} 1&2&3 \\ 1&3&2 \end{pmatrix} \right\}$，

$S_3 = \left\{ \begin{pmatrix} 1&2&3 \\ 1&2&3 \end{pmatrix}, \begin{pmatrix} 1&2&3 \\ 2&1&3 \end{pmatrix} \right\}$，$S_4 = \left\{ \begin{pmatrix} 1&2&3 \\ 1&2&3 \end{pmatrix}, \begin{pmatrix} 1&2&3 \\ 3&2&1 \end{pmatrix} \right\}$，

$S_5 = \left\{ \begin{pmatrix} 1&2&3 \\ 1&2&3 \end{pmatrix}, \begin{pmatrix} 1&2&3 \\ 2&3&1 \end{pmatrix}, \begin{pmatrix} 1&2&3 \\ 3&1&2 \end{pmatrix} \right\}$，$S_6 = S$。

(4) 子群的阶：$|S_1|=1, |S_2|=2, |S_3|=2, |S_4|=2, |S_5|=3, |S_6|=6$。

(5) 元素的阶：
$\left|\begin{pmatrix} 1 & 2 & 3 \\ 1 & 2 & 3 \end{pmatrix}\right|=1, \left|\begin{pmatrix} 1 & 2 & 3 \\ 1 & 3 & 2 \end{pmatrix}\right|=2, \left|\begin{pmatrix} 1 & 2 & 3 \\ 2 & 1 & 3 \end{pmatrix}\right|=2;$

$\left|\begin{pmatrix} 1 & 2 & 3 \\ 3 & 2 & 1 \end{pmatrix}\right|=2, \left|\begin{pmatrix} 1 & 2 & 3 \\ 2 & 3 & 1 \end{pmatrix}\right|=3, \left|\begin{pmatrix} 1 & 2 & 3 \\ 3 & 2 & 1 \end{pmatrix}\right|=3$。

(6) 左陪集：

$aS_1: \left\{\begin{pmatrix} 1 & 2 & 3 \\ 1 & 2 & 3 \end{pmatrix}\right\}, \left\{\begin{pmatrix} 1 & 2 & 3 \\ 1 & 3 & 2 \end{pmatrix}\right\}, \left\{\begin{pmatrix} 1 & 2 & 3 \\ 2 & 1 & 3 \end{pmatrix}\right\}, \left\{\begin{pmatrix} 1 & 2 & 3 \\ 2 & 3 & 1 \end{pmatrix}\right\},$
$\left\{\begin{pmatrix} 1 & 2 & 3 \\ 3 & 1 & 2 \end{pmatrix}\right\}, \left\{\begin{pmatrix} 1 & 2 & 3 \\ 3 & 2 & 1 \end{pmatrix}\right\};$

$aS_2: \left\{\begin{pmatrix} 1 & 2 & 3 \\ 1 & 2 & 3 \end{pmatrix}, \begin{pmatrix} 1 & 2 & 3 \\ 1 & 3 & 2 \end{pmatrix}\right\}, \left\{\begin{pmatrix} 1 & 2 & 3 \\ 2 & 1 & 3 \end{pmatrix}, \begin{pmatrix} 1 & 2 & 3 \\ 3 & 1 & 2 \end{pmatrix}\right\}, \left\{\begin{pmatrix} 1 & 2 & 3 \\ 2 & 3 & 1 \end{pmatrix}, \begin{pmatrix} 1 & 2 & 3 \\ 3 & 2 & 1 \end{pmatrix}\right\};$

$aS_3: \left\{\begin{pmatrix} 1 & 2 & 3 \\ 1 & 2 & 3 \end{pmatrix}, \begin{pmatrix} 1 & 2 & 3 \\ 2 & 1 & 3 \end{pmatrix}\right\}, \left\{\begin{pmatrix} 1 & 2 & 3 \\ 1 & 3 & 2 \end{pmatrix}, \begin{pmatrix} 1 & 2 & 3 \\ 2 & 3 & 1 \end{pmatrix}\right\},$
$\left\{\begin{pmatrix} 1 & 2 & 3 \\ 3 & 1 & 2 \end{pmatrix}, \begin{pmatrix} 1 & 2 & 3 \\ 3 & 2 & 1 \end{pmatrix}\right\};$

$aS_4: \left\{\begin{pmatrix} 1 & 2 & 3 \\ 1 & 2 & 3 \end{pmatrix}, \begin{pmatrix} 1 & 2 & 3 \\ 3 & 2 & 1 \end{pmatrix}\right\}, \left\{\begin{pmatrix} 1 & 2 & 3 \\ 1 & 3 & 2 \end{pmatrix}, \begin{pmatrix} 1 & 2 & 3 \\ 3 & 1 & 2 \end{pmatrix}\right\},$
$\left\{\begin{pmatrix} 1 & 2 & 3 \\ 2 & 1 & 3 \end{pmatrix}, \begin{pmatrix} 1 & 2 & 3 \\ 2 & 3 & 1 \end{pmatrix}\right\};$

$aS_5: \left\{\begin{pmatrix} 1 & 2 & 3 \\ 1 & 2 & 3 \end{pmatrix}, \begin{pmatrix} 1 & 2 & 3 \\ 2 & 3 & 1 \end{pmatrix}, \begin{pmatrix} 1 & 2 & 3 \\ 3 & 1 & 2 \end{pmatrix}\right\},$
$\left\{\begin{pmatrix} 1 & 2 & 3 \\ 1 & 3 & 2 \end{pmatrix}, \begin{pmatrix} 1 & 2 & 3 \\ 2 & 1 & 3 \end{pmatrix}, \begin{pmatrix} 1 & 2 & 3 \\ 3 & 2 & 1 \end{pmatrix}\right\}。$

(7) 右陪集：

$S_1 a: \left\{\begin{pmatrix} 1 & 2 & 3 \\ 1 & 2 & 3 \end{pmatrix}\right\}, \left\{\begin{pmatrix} 1 & 2 & 3 \\ 1 & 3 & 2 \end{pmatrix}\right\}, \left\{\begin{pmatrix} 1 & 2 & 3 \\ 2 & 1 & 3 \end{pmatrix}\right\}, \left\{\begin{pmatrix} 1 & 2 & 3 \\ 2 & 3 & 1 \end{pmatrix}\right\},$
$\left\{\begin{pmatrix} 1 & 2 & 3 \\ 3 & 1 & 2 \end{pmatrix}\right\}, \left\{\begin{pmatrix} 1 & 2 & 3 \\ 3 & 2 & 1 \end{pmatrix}\right\};$

$S_2 a: \left\{\begin{pmatrix} 1 & 2 & 3 \\ 1 & 2 & 3 \end{pmatrix}, \begin{pmatrix} 1 & 2 & 3 \\ 1 & 3 & 2 \end{pmatrix}\right\}, \left\{\begin{pmatrix} 1 & 2 & 3 \\ 2 & 1 & 3 \end{pmatrix}, \begin{pmatrix} 1 & 2 & 3 \\ 2 & 3 & 1 \end{pmatrix}\right\}, \left\{\begin{pmatrix} 1 & 2 & 3 \\ 3 & 1 & 2 \end{pmatrix}, \begin{pmatrix} 1 & 2 & 3 \\ 3 & 2 & 1 \end{pmatrix}\right\};$

$S_3 a: \left\{\begin{pmatrix} 1 & 2 & 3 \\ 1 & 2 & 3 \end{pmatrix}, \begin{pmatrix} 1 & 2 & 3 \\ 2 & 1 & 3 \end{pmatrix}\right\}, \left\{\begin{pmatrix} 1 & 2 & 3 \\ 1 & 3 & 2 \end{pmatrix}, \begin{pmatrix} 1 & 2 & 3 \\ 3 & 1 & 2 \end{pmatrix}\right\},$
$\left\{\begin{pmatrix} 1 & 2 & 3 \\ 2 & 3 & 1 \end{pmatrix}, \begin{pmatrix} 1 & 2 & 3 \\ 3 & 2 & 1 \end{pmatrix}\right\};$

$S_4 a: \left\{\begin{pmatrix} 1 & 2 & 3 \\ 1 & 2 & 3 \end{pmatrix}, \begin{pmatrix} 1 & 2 & 3 \\ 3 & 2 & 1 \end{pmatrix}\right\}, \left\{\begin{pmatrix} 1 & 2 & 3 \\ 1 & 3 & 2 \end{pmatrix}, \begin{pmatrix} 1 & 2 & 3 \\ 2 & 3 & 1 \end{pmatrix}\right\},$
$\left\{\begin{pmatrix} 1 & 2 & 3 \\ 2 & 1 & 3 \end{pmatrix}, \begin{pmatrix} 1 & 2 & 3 \\ 3 & 1 & 2 \end{pmatrix}\right\};$

$$S_5a: \left\{\begin{pmatrix}1 & 2 & 3\\ 1 & 2 & 3\end{pmatrix}, \begin{pmatrix}1 & 2 & 3\\ 2 & 3 & 1\end{pmatrix}, \begin{pmatrix}1 & 2 & 3\\ 3 & 1 & 2\end{pmatrix}\right\},$$
$$\left\{\begin{pmatrix}1 & 2 & 3\\ 1 & 3 & 2\end{pmatrix}, \begin{pmatrix}1 & 2 & 3\\ 3 & 2 & 1\end{pmatrix}, \begin{pmatrix}1 & 2 & 3\\ 2 & 1 & 3\end{pmatrix}\right\}。$$

(8) 商集：
$$S/S_5 = \left\{\left\{\begin{pmatrix}1 & 2 & 3\\ 1 & 2 & 3\end{pmatrix}, \begin{pmatrix}1 & 2 & 3\\ 2 & 3 & 1\end{pmatrix}, \begin{pmatrix}1 & 2 & 3\\ 3 & 1 & 2\end{pmatrix}\right\},\right.$$
$$\left.\left\{\begin{pmatrix}1 & 2 & 3\\ 1 & 3 & 2\end{pmatrix}, \begin{pmatrix}1 & 2 & 3\\ 3 & 2 & 1\end{pmatrix}, \begin{pmatrix}1 & 2 & 3\\ 2 & 1 & 3\end{pmatrix}\right\}\right\}。$$

可以更简单地用轮换的形式表示：
$$S = \{(1), (1\ 2), (1\ 3), (2\ 3), (1\ 2\ 3), (1\ 3\ 2)\},$$

(1) 单位元：(1)。

(2) 逆元：(1),(1 2),(1 3),(2 3)都和自身互为逆元,(1 2 3)和(1 3 2)互为逆元。

(3) 子群：$S_1 = \{(1)\}, S_2 = \{(1), (1\ 2)\}, S_3 = \{(1), (1\ 3)\}, S_4 = \{(1), (2\ 3)\}, S_5 = \{(1), (1\ 2\ 3), (1\ 3\ 2)\}, S_6 = S$。

(4) 子群的阶：$|S|=6, |S_1|=1, |S_2|=2, |S_3|=2, |S_4|=2, |S_5|=3, |S_6|=6$。

(5) 元素的阶：$|(1)|=1, |(1\ 2)|=2, |(1\ 3)|=2, |(2\ 3)|=2, |(1\ 2\ 3)|=3, |(1\ 3\ 2)|=3$。

(6) 左陪集：

① $(1)S_1 = (1), (1\ 2)S_1 = (1\ 2), (1\ 3)S_1 = (1\ 3), (2\ 3)S_1 = (2\ 3), (1\ 2\ 3)S_1 = (1\ 2\ 3), (1\ 3\ 2)S_1 = (1\ 3\ 2)$;

② $(1)S_2 = \{(1), (1\ 2)\} = (1\ 2)S_2, (1\ 3)S_2 = \{(1\ 3), (1\ 3\ 2)\} = (1\ 3\ 2)S_2, (2\ 3)S_2 = \{(2\ 3), (1\ 2\ 3)\} = (1\ 2\ 3)S_2$;

③ $(1)S_3 = \{(1), (1\ 3)\} = (1\ 3)S_3, (1\ 2)S_3 = \{(1\ 2), (1\ 2\ 3)\} = (1\ 2\ 3)S_3, (2\ 3)S_3 = \{(2\ 3), (1\ 3\ 2)\} = (1\ 3\ 2)S_3$;

④ $(1)S_4 = \{(1), (2\ 3)\} = (2\ 3)S_4, (1\ 2)S_4 = \{(1\ 2), (1\ 3\ 2)\} = (1\ 3\ 2)S_4, (1\ 3)S_4 = \{(1\ 3), (1\ 2\ 3)\} = (1\ 2\ 3)S_4$;

⑤ $(1)S_5 = \{(1), (1\ 2\ 3), (1\ 3\ 2)\} = (1\ 2\ 3)S_5 = (1\ 3\ 2)S_5$,
$(1\ 2)S_5 = \{(1\ 2), (1\ 3), (2\ 3)\} = (1\ 3)S_5 = (2\ 3)S_5$。

(7) 右陪集：

① $S_1(1) = (1), S_1(1\ 2) = (1\ 2), S_1(1\ 3) = (1\ 3), S_1(2\ 3) = (2\ 3), S_1(1\ 2\ 3) = (1\ 2\ 3), S_1(1\ 3\ 2) = (1\ 3\ 2)$;

② $S_2(1) = \{(1), (1\ 2)\} = S_2(1\ 2), S_2(1\ 3) = \{(1\ 3), (1\ 2\ 3)\} = S_2(1\ 2\ 3), S_2(2\ 3) = \{(2\ 3), (1\ 3\ 2)\} = S_2(1\ 3\ 2)$;

③ $S_3(1) = \{(1), (1\ 3)\} = S_3(1\ 3), S_3(1\ 2) = \{(1\ 2), (1\ 3\ 2)\} = S_3(1\ 3\ 2), S_3(2\ 3) = \{(2\ 3), (1\ 2\ 3)\} = S_3(1\ 2\ 3)$;

④ $S_4(1) = \{(1), (2\ 3)\} = S_4(2\ 3), S_4(1\ 2) = \{(1\ 2), (1\ 2\ 3)\} = S_4(1\ 2\ 3), S_4(1\ 3) = \{(1\ 3), (1\ 3\ 2)\} = S_4(1\ 3\ 2)$;

⑤ $S_5(1) = \{(1), (1\ 2\ 3), (1\ 3\ 2)\} = S_5(1\ 2\ 3) = S_5(1\ 3\ 2)$,

$S_5(1\,2)=\{(1\,2),(1\,3),(2\,3)\}=(1\,3)S_5=S_5(2\,3)$；

(8) 商集：$S/S_5=\{\{(1),(1\,2\,3),(1\,3\,2)\},\{(1\,2),(1\,3),(2\,3)\}\}$。

对于群 $A=(\mathbf{Z}_6,+_6)$ 中，$\mathbf{Z}_6=\{0,1,2,3,4,5\}$，$\forall a,b\in \mathbf{Z}_6$，有 $a+_6 b=a+b\,(\bmod\,6)$，则有：

(1) 群 A 的阶：$|A|=6$。

(2) 群 A 的单位元：$e=0$。

(3) 群 A 的逆元：0 和 3 均与自身互为逆元，1 与 5、2 与 4 互为逆元。

(4) 群 A 的元素的阶：$|0|=1,|1|=|5|=6,|2|=|4|=3,|3|=2$。

(5) 群 A 是循环群，生成元 1 和 5。

(6) 群 A 的非平凡子群：$A_1=<2>=<4>=\{0,2,4\},A_2=<3>=\{0,3\}$。

(7) 群 A 的商集：$A/A_1=\{\{0,2,4\},\{1,3,5\}\},A/A_2=\{\{0,3\},\{1,4\},\{2,5\}\}$。

因此 6 阶有限群 A 与三元对称群 S 不同构。与 A 同构的置换群 B 应该是一个循环群。因为 $|A|=6$，因此，$|B|$ 也应该为 6，且生成元的阶为 6。如 $B=<(1\,2\,3\,4\,5\,6)>$，则有：
$B=\{(1),(1\,2\,3\,4\,5\,6),(1\,3\,5)(2\,4\,6),(1\,4)(2\,5)(3\,6),(1\,5\,3)(2\,6\,4),(1\,6\,5\,4\,3\,2)\}$。

其中：

(1) 群 B 的阶：$|B|=6$。

(2) 群 B 的单位元：$e=(1)$。

(3) 群 B 的逆元：(1) 和 $(1\,4)(2\,5)(3\,6)$ 均与自身互为逆元，$(1\,2\,3\,4\,5\,6)$ 与 $(1\,6\,5\,4\,3\,2)$、$(1\,3\,5)(2\,4\,6)$ 与 $(1\,5\,3)(2\,6\,4)$ 互为逆元。

(4) 群 B 的元素的阶：$|(1)|=1,|(1\,2\,3\,4\,5\,6)|=|(1\,6\,5\,4\,3\,2)|=6,|(1\,3\,5)(2\,4\,6)|=|(1\,5\,3)(2\,6\,4)|=3,|(1\,4)(2\,5)(3\,6)|=2$。

(5) 群 B 是循环群，生成元 $(1\,2\,3\,4\,5\,6)$ 与 $(1\,6\,5\,4\,3\,2)$。

(6) 群 B 的非平凡子群。
$B_1=<(1\,3\,5)(2\,4\,6)>=<(1\,5\,3)(2\,6\,4)>=\{(1),(1\,3\,5)(2\,4\,6),(1\,5\,3)(2\,6\,4)\}$，
$B_2=<(1\,4)(2\,5)(3\,6)>=\{(1),(1\,4)(2\,5)(3\,6)\}$。

(7) 群 B 的商集：
$B/B_1=\{\{(1),(1\,3\,5)(2\,4\,6),(1\,5\,3)(2\,6\,4)\},\{1,3,5\},\{(1\,2\,3\,4\,5\,6),$
$(1\,4)(2\,5)(3\,6),(1\,6\,5\,4\,3\,2)\}\}$，
$B/B_2=\{\{(1),(1\,4)(2\,5)(3\,6)\},$
$\{(1\,2\,3\,4\,5\,6),(1\,5\,3)(2\,6\,4)\},\{(1\,3\,5)(2\,4\,6),(1\,6\,5\,4\,3\,2)\}\}$。

若映射 f 使 $(\mathbf{Z}_6,+_6)\cong<(1\,2\,3\,4\,5\,6)>$，显然 $f(0)=(1),f(3)=(1\,4)(2\,5)(3\,6)$，不妨设 $f(1)=(1\,2\,3\,4\,5\,6)$，则 $f(5)=(1\,6\,5\,4\,3\,2)$，根据同构的定义有：
$f(2)=f(1+_6 1)=(1\,2\,3\,4\,5\,6)(1\,2\,3\,4\,5\,6)=(1\,3\,5)(2\,4\,6)$；
$f(4)=f(2+_6 2)=(1\,3\,5)(2\,4\,6)(1\,3\,5)(2\,4\,6)=(1\,5\,3)(2\,6\,4)$。

也可以是：
$f(4)=f(1+_6 3)=(1\,2\,3\,4\,5\,6)(1\,4)(2\,5)(3\,6)=(1\,5\,3)(2\,6\,4)$。

【进一步的知识】 用置换群理解加密

凯撒密码的加密算法为 $C=M+3\,(\bmod\,26)$，可以用轮换表示为：$\sigma=(1\,4\,7\,\cdots\,22\,25\,2\,5\,\cdots\,23\,26\,3\,6\,\cdots 21\,24)$，显然，$|\sigma|=26$，所以第 $|\sigma|-1=25$ 次迭代操作可以恢复出明文。

同理，若凯撒密码的加密算法为 $C=M+2(\bmod\,26)$，可以用轮换表示为：$\sigma=(1\,3\,5\,\cdots$

23 25)(2 4 … 24 26)，$|\sigma|=13$，所以第$|\sigma|-1=12$次迭代操作后，可以恢复出明文。

若σ变成：$\begin{pmatrix} ABCDEFGHIJKLMNOPQRSTUVWXYZ \\ CPQBYHVZTJRFXDKOGALIUSMWNE \end{pmatrix}$，

即$\sigma=$(1 3 17 7 22 19 12 6 8 26 5 25 14 4 2 16 15 11 18 1)(9 20)(10)(13 24)(21)，所以$|\sigma|=20$。若有密文"VKKB"，则重复迭代进行加密得到"VKKB"→"SRRP"→"LAAO"→"FCCK"→"HQQR"→"ZGGA"→"EVVC"→"YSSQ"→"NLLG"→"DFFV"→"BHHS"→"PZZL"→"OEEF"→"KYYH"→"RNNZ"→"ADDE"→"CBBY"→"QPPN"→"GOOD"→"VKKB"，经过20次迭代后可解出明文"GOOD"。

显然$|\sigma|$越大，密码分析的难度越大。

小结

1. 不同的代数结构

$(S,*)$，S为非空集合，$*$为S上的二元运算：

(1) 封闭性
(2) 结合律
(3) 单位元存在
(4) 逆元存在
(5) 交换律

代数结构 半群 单位半群 群 交换群

2. 子群

(1) 子群：子集成群。
(2) 一个定理：$H \leqslant G \Leftrightarrow H \subseteq G, \forall a,b \in H$，有$ab^{-1} \in H$。
(3) 一种方法：$\forall a \in H, <a> \leqslant G$。

3. 循环群和生成元

(1) $<a> = \{a^i | i \in Z\}$；
(2) $<a> = <a^{-1}>$；
(3) $|<a>| = |a|$；
(4) $|<a>| \mid |G|$；
(5) $<a^m> \leqslant <a>$，$|<a^m>| = |a|/(|a|,m)$。

4. 陪集

(1) 扩集元素与子群生成新集合：aH和Ha（$H \leqslant G, \forall a \in G$，左/右）。
(2) 陪集划分群形成商集G/H：
① 任意陪集的阶相同：$|H|$。
② 左陪集个数与右陪集个数相等：$|G|/|H|$。

5. 同构与同态

(1) 先映射后运算等于先运算后映射；

(2) 一一映射与单/满射；

(3) 无限群同构于$(\mathbf{Z},+)$，有限群同构于$(\mathbf{Z}_n,+_n)$，任意有限群同构于一个置换群。

6. 置换群

(1) 一个置换：到自身的一一映射。

(2) 置换与置换（映射）的复合群，所有n元置换构成n元对称群。

(3) 变换、置换与轮换。

作业

1. 有正整数集合$\mathbf{Z}^+$和定义在该集合上的二元运算$*$：$\forall x,y\in\mathbf{Z}^+, x*y=\mathrm{lcm}(x,y)$，即求$x$和$y$的最小公倍数，试讨论：

(1) $\mathbf{Z}^+$和$*$构成代数结构吗？

(2) 如果构成代数结构，那么该运算具有什么样的性质？

(3) 如果构成代数结构，该系统的单位元和零元存在吗？并求出所有可逆元素的逆元。

2. 若集合$S=\{1,2,3,4\}$，请补充运算$+$，形成代数结构$(S,+)$，并回答下面的问题：

(1) 你给出的代数结构有哪些子代数？

(2) 各代数结构有什么样的性质？满足哪些运算律？拥有单位元、零元、逆元吗？

3. 已知一个定义在整数集上的代数结构$(\mathbf{Z},+)$，请问下面的集合与$+$运算是否能构成$(\mathbf{Z},+)$的子代数？

(1) $A=\{x\mid x\mid 30\}$；

(2) $B=\{30x\mid x\in\mathbf{Z}\}$。

4. 求证：代数结构$(\mathbf{N},+)$与$(\mathbf{N},\times)$不同构。

5. $(\mathbf{Z},*)$是群吗？其中，$*$定义为：$\forall a,b\in\mathbf{Z}, a*b=6-2a-2b-ab$。

6. 请问$(A,\oplus)$是群吗？$(A,\odot)$呢？其运算表分别如下所示：

$\oplus$	0	1	2		$\odot$	0	1	2
0	0	1	2		0	0	1	2
1	1	2	0		1	1	2	0
2	2	0	1		2	2	2	2

7. 求证：G是有限群，则G中阶大于2的元的个数一定是偶数个。

8. 请计算4次单位根群$G=\{1,-1,i,-i\}$中每个元素的阶。

9. 请写出群$(\mathbf{Z}_{15},+_{15})$的各子群。

10. 设$X=\{1,2,3,4,5,6\}$，有双射σ，$\sigma(1)=6,\sigma(2)=5,\sigma(3)=4,\sigma(4)=1,\sigma(5)=2,\sigma(6)=3$，请将$\sigma$和$\sigma^2$写成置换和轮换形式。

11. 设 $S=\{1,2,3,4,5,6,7,8\}$，S 上有置换 σ 和 τ：

$$\sigma=\begin{pmatrix}1&2&3&4&5&6&7&8\\7&3&1&5&4&6&8&2\end{pmatrix}, \tau=\begin{pmatrix}1&2&3&4&5&6&7&8\\2&1&3&5&4&6&8&7\end{pmatrix}。$$

(1) 请计算 σ^2 和 σ^{-1}，把 σ、σ^2 和 σ^{-1} 写成分离的轮换的乘积；

(2) 请计算 $\sigma\tau$、$\tau\sigma$、$\tau\sigma\tau^{-1}$，并写成分离的轮换的乘积；

(3) 请写出 $\langle\sigma\rangle$ 和 $\langle\tau\rangle$；

(4) 计算 σ 和 τ 的阶。

12. 请写出 4 元对称群 S_4 的所有元素，每个元素的阶和所有 4 阶子群。

13. n 元对称群 S_n 中，任意元素的最大的阶是多少？

14. 请构造一个 7 阶循环群，以及与该 7 阶循环群同构的置换群。

15. 请使用 4 元置换 (1 2 3 4) 将 "congratulations!" 加密。

16. 圆排列问题是组合数学问题中的一种有趣的类型：将 n 个不同元素按一定的相对顺序排成一圈，就叫作 n 个元素的一个圆排列。如图 5-2 所示，4 个小朋友站成一圈跳集体舞，有多少种不同的站法？不同的排列数应该有 $n!/n=(n-1)!$ 种。请用抽象代数的思想分析一下为什么？（提示：同构、商集。）

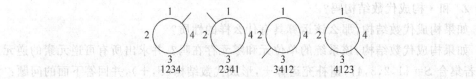

图 5-2 圆排列问题

17. 某打字员购进一台二手打字机，发现打字机的按键符号与打印出来的符号不完全相同，但幸好能够打印出按键上的所有符号。现在它需要打印一份资料，正常按资料按键，会打出一份不同于资料的文本，他又拿打印稿继续正常按键，反复如此，他是否能够正确打印出所需要的资料？如果能，假设键盘上一共有 26 个按键，最多需要打印多少次？

18. 请设计并实现一个能生成 n 阶置换群的程序。请利用其中一个置换实现加密。

19. 你能设计一个程序生成三阶幻方吗？一共可以生成多少种不同的幻方？为什么？你能将幻方的生成用代数结构的形式描述吗？

所谓三阶幻方，又称"九宫格"，是最简单的一种幻方，是把 1～9 数字填入 3×3 的表格，使每行每列以及对角线上三数之和均相等，如图 5-3 所示。

8	1	6
3	5	7
4	9	2

图 5-3 九宫格

第 6 章 环

【教学目的】
掌握环的基本概念和性质；掌握多项式环的理论与计算方法。
【教学要求】
通过本章的学习，读者能够：
(1) 识记：环、交换环、含幺环、无零因子环、整环、除环、域等基本概念和性质。
(2) 领会：群、环和域的异同。
(3) 简单应用：多项式环的构造方式与计算方法。
(4) 综合应用：在多项式环上计算 CRC。
【学习重点与难点】
本章重点与难点是多项式环中类似整数的性质与计算方法。

本章开始研究具有两个二元运算的代数结构。群$(\mathbf{Z}_{26}, +_{26})$可以刻画凯撒密码的运算，对于仿射密码，需要引入乘法，用代数结构$(\mathbf{Z}_{26}, +_{26}, \times_{26})$描述。与只具有一个二元运算的群相比，这个具有两个二元运算的代数结构具有什么样的性质呢？

四则运算中，减法是加法的逆运算，除法是乘法的逆运算(除了 0)，描述四则运算的代数结构可能有：$(\mathbf{Z}, +, \times)$、$(\mathbf{Q}, +, \times)$、$(\mathbf{R}, +, \times)$和$(\mathbf{C}, +, \times)$，分别表示整数、有理数、实数和复数集上的加法和乘法运算，你知道这几个代数结构有什么区别吗？

本章将从约束条件最少的环开始讲起，逐步深入介绍交换环、含幺环、无零因子环、整环、除环、域等代数结构，最后详细分析多项式环的构造方式与计算方法。

6.1 环的定义与基本性质

定义 6.1 环
若$(R, +, \times)$中，R为非空集合，$+$和$\times$为R的两个二元运算，满足：
(1) $(R, +)$是一个**交换群**；
(2) $(R, \times)$是一个**半群**；
(3) 两个运算符满足分配律：
$\forall a, b, c \in R$，有$a \times (b+c) = (a \times b) + (a \times c)$，$(b+c) \times a = (b \times a) + (c \times a)$；
则称$(R, +, \times)$为环。

例 6.1 (1) $(\mathbf{Z}, +, \times)$、$(\mathbf{Q}, +, \times)$、$(\mathbf{R}, +, \times)$和$(\mathbf{C}, +, \times)$都是环，被称为整数环、有理数环、实数环和复数环；
(2) $(\mathbf{Z}_n, +_n, \times_n)$是环，被称为剩余类环，其中，$\mathbf{Z}_n = \{0, 1, 2, \cdots, n-2, n-1\}$，$\forall x, y \in \mathbf{Z}_n$，$x +_n y = x + y \pmod{n}$，$x \times_n y = x \times y \pmod{n}$。

【请你注意】

环$(R,+,\times)$中：

(1) $(R,+)$被称为**加法群**，$(R,\times)$被称为**乘法半群**，$(R,\times)$一定不能构成群；

(2) 若$(R,\times)$是交换半群，则环$(R,+,\times)$称为**交换环**；

(3) 若$(R,\times)$有**单位元**，则环$(R,+,\times)$称为**含幺环**；

(4) $(R,+)$中的单位元被称为环的零元（$\times$的零元），记为0；$(R,\times)$中的单位元被称为环的**单位元**，记为1；$(R,+)$中的逆元被称为**负元**，记为$-x$；$(R,\times)$中的逆元被称为逆元，记为x^{-1}；

(5) 在不影响理解的情况下，环$(R,+,\times)$可被简记为R，$\forall a,b \in R$，$a+(-b)$简记为$a-b$。

定理 6.1 设$(R,+,\times)$为环，$\forall a,b,c \in R$，有：

(1) $a \times 0 = 0 \times a = 0$；

(2) $a \times (-b) = (-a) \times b = -(a \times b)$；

(3) $a \times (b-c) = a \times (b+(-c)) = a \times b - a \times c$；

(4) $\left(\sum_{i=1}^{m} a_i\right)\left(\sum_{j=1}^{n} b_j\right) = \sum_{i=1}^{m}\sum_{j=1}^{n} a_i b_j$。

证明：(1) 因为$a \times a = a \times (a+0) = a \times a + a \times 0$，所以$a \times 0 = 0$，同理，$0 \times a = 0$；

(2) 因为$a \times (-b) + a \times b = a \times (-b+b) = a \times 0 = 0$，所以$a \times (-b) = -(a \times b)$，同理，$(-a) \times b + a \times b = 0 \times b = 0$，所以$(-a) \times b = -(a \times b)$；

(3)、(4)可由(1)和(2)得到，此处从略。

定义 6.2 子环与扩环

$(R,+,\times)$是环，S是R的非空子集，若$(S,+,\times)$也构成环，则称$(S,+,\times)$是$(R,+,\times)$的**子环**，$(R,+,\times)$是$(S,+,\times)$的**扩环**。记为$(S,+,\times) \leqslant (R,+,\times)$。

一个环$(R,+,\times)$至少包含两个子环：$(R,+,\times)$和$(\{0\},+,\times)$，它们被称为环的平凡子环。

例 6.2 整数环、有理数环均是实数环的子环，实数环是整数环和有理数环的扩环，复数环是实数环的扩环。

例 6.3 (1) $(n\mathbf{Z},+,\times)$是整数环$(\mathbf{Z},+,\times)$的子环，其中，$n \in \mathbf{Z}$，$n\mathbf{Z}=\{nk,|k \in \mathbf{Z}\}$。

(2) 剩余类环$(\mathbf{Z}_6,+_6,\times_6)$是$(\{0,3\},+_6,\times_6)$和$(\{0,2,4\},+_6,\times_6)$的扩环。

(3) 设$\mathbf{Q}(\sqrt{2})=\{a+b\sqrt{2}\,|\,a,b \in \mathbf{Q}\}$，则$(\mathbf{Z},+,\times) \leqslant (\mathbf{Q}(\sqrt{2}),+,\times)$，$(\mathbf{Q},+,\times) \leqslant (\mathbf{Q}(\sqrt{2}),+,\times)$。

定理 6.2 子环判断条件

R是环，$S \subseteq R$，$\forall a,b \in S$，有$a-b,ab \in S$，则$S \leqslant R$。

【请你注意】

(1) 环只要求乘法构成乘法半群，因此子环判断条件只需要$ab \in S$，而不是$ab^{-1} \in S$。

(2) 环R的任意子环S的零元就是R的零元；元素a在S中的负元就是该元素a在R中的负元。

(3) 环R有单位元并不意味着子环S也有单位元。

例 6.4 设$(R,+,\times)$是环，有$C=\{a \in R\,|\,ax=xa, \forall x \in R\}$，求证：$C$是$R$的子环。

证明：因为 $\forall x \in R$ 有 $0x = x0 = 0$，所以 $0 \in C$，

设 $\forall a, b \in C, \forall x \in R$ 有 $ax = xa, bx = xb$，

所以 $(a-b)x = ax - bx = xa - xb = x(a-b)$，所以 $a-b \in C$，

$(ab)x = a(bx) = a(xb) = (ax)b = (xa)b = x(ab)$，所以 $ab \in C$，

所以 C 是 R 的子环。证毕。

6.2 整环和域

定义 6.3 域

若环 $(R, +, \times)$ 满足 $(R-\{0\}, \times)$ 是交换群，则称 $(R, +, \times)$ 为域。

若 $|R| = n, n \in \mathbf{Z}^+$，该域称为有限域，写为 $GF(n)$。

例 6.5 （1）$(\mathbf{Z}, +, \times), (\mathbf{Q}, +, \times), (\mathbf{R}, +, \times)$ 均为交换环和含单位元的环，$(\mathbf{Q}, +, \times), (\mathbf{R}, +, \times)$ 还构成域。

（2）仿射密码可以由剩余类环 $(\mathbf{Z}_{26}, +_{26}, \times_{26})$ 刻画。若 p 为素数，则剩余类环 $(\mathbf{Z}_p, +_p, \times_p)$ 为域，记为 $GF(p)$，这将在第 7 章中详细研究。

定义 6.4 零因子与无零因子环

环 $(R, +, \times)$ 中，$\exists a, b \in R$，有 $a, b \neq 0$ 和 $a \times b = 0$，则称 a, b 为环 R 中的**零因子**。

若环 $(R, +, \times)$ 无零因子，则称为**无零因子环**。

例 6.6 $(\mathbf{Z}_{26}, +_{26}, \times_{26})$ 中 13 和 2 是零因子；但 p 为素数时 $(\mathbf{Z}_p, +_p, \times_p)$ 无零因子，如 $(\mathbf{Z}_5, +_5, \times_5)$ 无零因子，是无零因子环。

例 6.7 求证：有零因子的环不是域。

证明：设环 $(R, +, \times)$ 有零因子，不妨设为 $\exists a, b \in R, a, b \neq 0, a \times b = 0$，

若环 $(R, +, \times)$ 是域，可设 a 有逆元 a^{-1}，则 $a \times (a^{-1} + b) = a \times a^{-1} + a \times b = e + 0 = e$，

所以 $a^{-1} = a^{-1} + b$，所以 $b = 0$，矛盾。所以域没有零因子。证毕。

例 6.8 求证：只要环 $(R, +, \times)$ 的 $\times$ 运算满足消去律，该环就无零因子。

证明：设环 $(R, +, \times)$ 的 $\times$ 运算满足消去律，同时有零因子 a, b，

所以 $a \times b = 0 = a \times 0$，因为零因子 $a \neq 0$，所以 $b = 0$，与零因子 $b \neq 0$ 矛盾，

所以该环无零因子。证毕。

定义 6.5 整环

有单位元的交换的无零因子环称为**整环**。

例 6.9 p 为素数时，剩余类环 $(\mathbf{Z}_p, +_p, \times_p)$ 为整环，整数环也是整环。

【请你注意】

（1）整环至少有两个元素：加法群的单位元（环的零元）和乘法半群的单位元。

（2）有限整环都是域。

例 6.10 求证：有限整环都是域。

证明：设环 $(R, +, \times)$ 是一个有限整环，零元为 0，乘法单位元为 1，

所以 $\forall a, b, c \in R$，且 $a \neq 0$ 时，若 $b \neq c$，则有 $a \times b \neq a \times c$，否则 a 就是零因子，与 R 是整环矛盾。

所以由运算的封闭性和 R 元素个数的有限性,就有 $a \times R = R$,即必有 $d \in R$ 满足 $a \times d = 1$。

因为整环是交换环,所以 $d \times a = 1$。

所以有限整环 $(R, +, \times)$ 的非零元均有逆元,

所以有限整环 $(R, +, \times)$ 是一个域。证毕。

定义 6.6 除环

设 $(R, +, \times)$ 为含幺环,单位元 $e \neq 0$,若 R 中每个非零元都存在逆元,则称 $(R, +, \times)$ 为**除环**。

【请你注意】

(1) 除环除了零元以外的所有元素对乘法构成群;

(2) 可交换除环就是域。

6.3 多项式环

定义 6.7 多项式环

若 $(R, +, \times)$ 为交换环,$R[x] = \left\{ f(x) = \sum_{i=0}^{n} a_i x^i, n \in \mathbf{Z}^+ \mid i \in \mathbf{Z}, a_i \in R \right\}$,则称 $(R[x], +, \times)$ 为 R 上的**多项式环**。

例 6.11 $\mathbf{Q}, \mathbf{R}$ 分别为有理数环和实数环,均为交换环,则 $\mathbf{Q}[x]$ 和 $\mathbf{R}[x]$ 分别为**有理多项式环**和**实多项式环**。

如 $2 \in \mathbf{Q}[x], 3.14\ x + 2.5 \in \mathbf{Q}[x], -3\ x^{10} \in \mathbf{Q}[x] \cdots$

【请你注意】

(1) 多项式环中 x 表示一个符号,不给其赋值,最高次数 n 可为任意正整数,即系数来自于环 R 的任意多项式均属于 $R[x]$;

(2) $R[x]$ 为交换环;

(3) R 为 $R[x]$ 的子环,R 的零元为 $R[x]$ 的零元;

(4) $R[x]$ 中的多项式 $f(x)$ 类似整数,分为 **0 次多项式、素式和合式**,可以进行欧几里得除法、最大公约、最小公倍、同余、互素、线性表达、唯一分解、指数等计算,计算思想与整数一致。

定义 6.8 不可约多项式

R 为交换环,$f(x), g(x) \in R[x]$ 且 $g(x) \neq 0$,若存在 $q(x) \in R[x]$ 且 $q(x) \neq 0$ 使得 $f(x) = g(x) \times q(x)$,则称 $f(x)$ 可约,$g(x)$ 整除 $f(x)$,$g(x)$ 为 $f(x)$ 的因式,$f(x)$ 为 $g(x)$ 的倍式,记作 $g(x) | f(x)$,否则 $f(x)$ 是 $R[x]$ 上的**不可约多项式**。

【请你注意】

(1) 定义 6.8 中的 $g(x) \neq 0$ 和 $q(x) \neq 0$,是指 $g(x)$ 和 $q(x)$ 的最高次数不能为 0,即最高次数大于等于 1,$g(x)$ 和 $q(x)$ 不能为常数。

(2) 可约多项式也叫作合式,不可约多项式也叫作素式,如同合数与素数。

类似正整数,可以将多项式分为以下三类。

① 零次多项式,即常数↔整数1;

② 既约多项式,即素式↔素数;

③ 可约多项式,即合式↔合数。

(3) 如果 $f(x)$ 可约,则可以分解成两个**次数更小**的多项式的乘积。

(4) 在欧几里得除法的计算中,有以下三个要点。

① 补齐缺失项;

② 系数在环上运算,消去最高次项;

③ 余式最高次数小于除式的时候停止。

例 6.12 令 $f(x)=3x^5+5x^3+2x^2+1\in \mathbf{Z}_7[x]$,$g(x)=2x+5\in \mathbf{Z}_7[x]$,$\mathbf{Z}_7$ 为模 7 的剩余类环,有:

(1) $f(x)+g(x)=3x^5+5x^3+2x^2+2x+6$;

(2) $f(x)-g(x)=f(x)+(-g(x))=3x^5+5x^3+2x^2+5x+3$;

(3) $f(x)\times g(x)=6x^6+10x^4+4x^3+2x+15x^5+25x^3+10x^2+5$
$=6x^6+x^5+3x^4+x^3+3x^2+2x+5$;

(4) $f(x)=(5x^4+5x^3+4x^2+5x+5)\times g(x)+4$。

$$
\begin{array}{r}
5x^4+5x^3+4x^2+5x+5 \\
2x+5 \overline{) 3x^5+0x^4+5x^3+2x^2+0x+1} \\
\underline{3x^5+4x^4} \\
3x^4+5x^3 \\
\underline{3x^4+4x^3} \\
x^3+2x^2 \\
\underline{x^3+6x^2} \\
3x^2+0x \\
\underline{3x^2+4x} \\
3x+1 \\
\underline{3x+4} \\
4
\end{array}
$$

【思考】

例 6.12 中 $f(x)$ 和 $g(x)$ 的最大公约式和最小公倍式分别是什么?问题的关键在于,$f(x)$ 和 $g(x)$ 是互素的,你知道为什么吗?

$\mathbf{Z}_3$ 为模 3 的剩余类环,$\mathbf{Z}_3[x]$ 中 x、$x+1$、$x+2$ 均为素式,那么 $2x+2=2\times(x+1)$,$2x+2$ 是不是就是合式?

$2x+2$ 并不满足定义 6.8 中关于合式的定义,因为 $2x+2=2\times(x+1)$,2 是常数,最高次数为 0。实际上 $2\times(2x+2)=x+1$,也就是同时有 $x+1|2x+2$,$2x+2|x+1$ 成立,称 $x+1$ 和 $2x+2$ 相伴,记作 $x+1\sim 2x+2$。

例 6.13 交换环 $R=(\mathbf{Z}_2,+_2,\times_2)$,$R[x]$ 上的多项式 $f(x)=x^2+1$,$g(x)=x^{10}+1$,请计算 $g(x)(\bmod f(x))$。

解：

$$x^2+1 \overline{\smash{\big)}\, x^{10}+0x^9+0x^8+0x^7+0x^6+0x^5+0x^4+0x^3+0x^2+0x^1+1}$$

商为 $x^8+0x^7+x^6+0x^5+x^4+0x^3+x^2+0x^1+1$，余数为 0。

所以 $g(x)=f(x)(x^8+x^6+x^4+x^2+1)$，即 $g(x)(\bmod f(x))=0$。

例 6.14 交换环 $R=(\mathbf{Z}_3,+_3,\times_3)$，$R[x]$ 上的多项式 $f(x)=x^2+1$，$g(x)=x^{10}+1$，请计算 $g(x)(\bmod f(x))$。

解：

$$x^2+1 \overline{\smash{\big)}\, x^{10}+0x^9+0x^8+0x^7+0x^6+0x^5+0x^4+0x^3+0x^2+0x^1+1}$$

商为 $x^8+0x^7+2x^6+0x^5+x^4+0x^3+2x^2+0x^1+1$，余数为 0。

所以 $g(x)=f(x)(x^8+2x^6+x^4+2x^2+1)$，$g(x)(\bmod f(x))=0$。

例 6.15 交换环 $R=(\mathbf{Z}_2,+_2,\times_2)$，$R[x]$ 上的多项式 $f(x)=x^2+1$，请写出模 $f(x)$ 的完全剩余系和紧缩剩余系。

解：模 $f(x)$ 的完全剩余系有 $2^2=4$ 个元素，分别为：$0,1,x,x+1$；

因为 $f(x)=x^2+1=(x+1)(x+1)$，

所以 $(f(x),x)=1,(f(x),x+1)=x+1$，

所以，模 $f(x)$ 的紧缩剩余系为：$0,1,x$。

例 6.16 交换环 $R=(\mathbf{Z}_3,+_3,\times_3)$，$R[x]$ 上的多项式 $f(x)=x^2+1$，请写出模 $f(x)$ 的完全剩余系和紧缩剩余系。

解：模 $f(x)$ 的完全剩余系有 $3^2=9$ 个元素，分别为：$0,1,2,x,x+1,x+2,2x,2x+1,2x+2$。

因为 $f(x)(\bmod x)=1, f(x)(\bmod x+1)=2, f(x)(\bmod x+2)=2$，

$f(x)(\bmod 2x)=1, f(x)(\bmod 2x+1)=2, f(x)(\bmod 2x+2)=2$，

所以 $(f(x),x)=1,(f(x),x+1)=1,(f(x),x+2)=1$，

$(f(x),2x)=1,(f(x),2x+1)=1,(f(x),2x+2)=1$，

所以模 $f(x)$ 的紧缩剩余系为：$0,1,2,x,x+1,x+2,2x,2x+1,2x+2$。

【请你注意】

(1) 模 $f(x)$ 的完全剩余系的个数为 m^n，其中，m 为多项式环的系数环的阶，n 为多项式 $f(x)$ 的最高次数。

(2) 模 $f(x)$ 的紧缩剩余系为完全剩余系中与 $f(x)$ 互素的多项式。

(3) 例 6.16 还可写为：

因为 $f(x)=(x+1)(x+2)+2, f(x)=(2x+1)(2x+2)+2$，所以 $f(x)$ 与 $x+1, x+2, 2x+1, 2x+2$ 均互素。

或者表示为：

因为 $2f(x)+(x+1)(x+2)=1, 2f(x)+(2x+1)(2x+2)=1$，所以 $f(x)$ 与 $x+1, x+2, 2x+1, 2x+2$ 均互素。

所以 $x+1$ 与 $x+2$ 互为模 $f(x)$ 的逆元，$2x+1$ 与 $2x+2$ 互为模 $f(x)$ 的逆元。

(4) 交换环 $R=(\mathbf{Z}_2,+_2,\times_2)$ 上的多项式环中 x^2+1 为合式，交换环 $R=(\mathbf{Z}_3,+_3,\times_3)$ 上的多项式环中 x^2+1 为素式，可以看出，一个多项式是可约还是不可约依赖于其系数环。

例 6.17 交换环 $R=(\mathbf{Z}_2,+_2,\times_2)$，$R[x]$ 上的多项式 $f(x)=x^3+x+1$，请问 $f(x)$ 是不可约多项式吗？

解：$R[x]$ 上的 1 次不可约多项式有：$x, x+1$。

$R[x]$ 上的 2 次多项式有：$x^2, x^2+1, x^2+x, x^2+x+1$，其中，$x|x^2, x+1|x^2+1, x|x^2+x$，2 次不可约多项式只有 x^2+x+1（因为 $x^2+x+1=x(x+1)+1$）。

因为 $f(x)=x(x^2+1)+1$，所以 $(f(x),x)=1$，

因为

$$\begin{array}{r}x+1\overline{\smash{\big)}\,x^3+0x^2+x+1}\\\underline{x^3+x^2}\\x^2+x\\\underline{x^2+x}\\1\end{array}\qquad\begin{array}{r}x+1\\x^2+x+1\overline{\smash{\big)}\,x^3+0x^2+x+1}\\\underline{x^3+x^2+x}\\x^2+0x+1\\\underline{x^2+x+1}\\x\end{array}$$

所以 $(f(x),x+1)=1,(f(x),x^2+x+1)=(x,x^2+x+1)=1$，

所以 $f(x)$ 是不可约多项式。

例 6.18 交换环 $R=(\mathbf{Z}_3,+_3,\times_3)$，$R[x]$ 上的多项式 $f(x)=x^3+x+1$，请问 $f(x)$ 是可约多项式吗？

解：$R[x]$ 上的 1 次不可约多项式有（$3^2-3=6$ 个）：$x,x+1,x+2,2x,2x+1,2x+2$，由

于 $2x=2\times_3 x, 2x+1=2(x+2), 2x+2=2(x+1)$，所以更高阶的可约多项式的因子可以只考虑 $x, x+1, x+2$。

$R[x]$ 上的 2 次多项式有($3^3-3^2=18$ 个)：$x^2, x^2+1, x^2+2, x^2+x, x^2+2x, x^2+x+1, x^2+x+2, x^2+2x+1, x^2+2x+2, 2x^2, 2x^2+1, 2x^2+2, 2x^2+x, 2x^2+2x, 2x^2+x+1, 2x^2+x+2, 2x^2+2x+1, 2x^2+2x+2$，其中，$x|x^2, x|x^2+x, x|x^2+2x$，所以 x^2, x^2+2x, x^2+x 均可约；

$(x^2+1, x)=1, (x^2+1, x+1)=(x, x+1)=1, (x^2+1, x+2)=(x+1, x+2)=1$，所以 x^2+1 不可约；

$(x^2+2, x)=1, (x^2+2, x+1)=x+1$，所以 $x+1|x^2+2$，即 x^2+2 可约；

$(x^2+x+1, x)=1, (x^2+x+1, x+1)=1, (x^2+x+1, x+2)=(2x+1, x+2)=x+2$，所以 $x+2|x^2+x+1$，即 x^2+x+1 可约；

$(x^2+x+2, x)=1, (x^2+x+2, x+1)=1, (x^2+x+2, x+2)=(2x+2, x+2)=1$，所以 x^2+x+2 不可约；

$(x^2+2x+1, x)=1, (x^2+2x+1, x+1)=x+1$，所以 $x+1|x^2+2x+1$，即 x^2+2x+1 可约；

$(x^2+2x+2, x)=1, (x^2+2x+2, x+1)=(x+2, x+1)=1, (x^2+2x+2, x+2)=1$，所以 x^2+2x+2 不可约；

而 $2x^2+1=2(x^2+2), 2x^2+2=2(x^2+1), 2x^2+x=2(x^2+2x), 2x^2+2x=2(x^2+x), 2x^2+x+1=2(x^2+2x+2), 2x^2+x+2=2(x^2+2x+1), 2x^2+2x+1=2(x^2+x+2), 2x^2+2x+2=2(x^2+x+1)$。

2 次不可约多项式有 $x^2+1, x^2+x+2, x^2+2x+2, 2x^2+2, 2x^2+2x+1, 2x^2+x+1$。

对于 $f(x)$，因为 $(f(x), x)=1, (f(x), x+1)=(2x^2+x+1, x+1)=(2x+1, x+1)=1, (f(x), x+2)=(x^2+x+1, x+2)=x+2$，所以 $x+2|f(x)$。

即 $f(x)$ 是可约多项式($f(x)=(x^2+x+2)(x+2)$)。

例 6.19 交换环 $R=(\mathbf{Z}_2, +_2, \times_2)$，$R[x]$ 上的多项式 $f(x)=x^4+1$，请将 $f(x)$ 进行多项式唯一分解。

解：$R[x]$ 上的 1 次不可约多项式有：$x, x+1$。

因为 $(f(x), x)=1$，所以 $x \nmid f(x)$，

因为 $(f(x), x+1)=(x^3+1, x+1)=(x^2+1, x+1)=(x+1, x+1)=x+1$，所以 $x+1|f(x)$，

有
$$\begin{array}{r} x^3+\ x^2+x+1 \\ x+1\overline{\smash{\big)}x^4+0x^3+0x^2+0x+1} \\ \underline{x^4+\ x^3} \\ x^3+0x^2 \\ \underline{x^3+\ x^2} \\ x^2+0x \\ \underline{x^2+\ x} \\ x+1 \\ \underline{x+1} \\ 0 \end{array}$$
有 $f(x)=(x+1)(x^3+x^2+x+1)$，

有 $x \nmid x^3+x^2+x+1$,

而 $x+1 \overline{)x^3+x^2+x+1}$ 得商 x^2+0x+1,所以 $x+1 \mid x^3+x^2+x+1$,有 $f(x)=(x+1)^2(x^2+1)$,

$$\begin{array}{r} x^2+0x+1 \\ x+1 \overline{\smash{)}x^3+x^2+x+1} \\ \underline{x^3+x^2} \\ x+1 \\ \underline{x+1} \\ 0 \end{array}$$

而 $x+1 \overline{)x^2+0x+1}$ 得商 $x+1$,所以 $x^2+1=(x+1)^2$,

$$\begin{array}{r} x+1 \\ x+1 \overline{\smash{)}x^2+0x+1} \\ \underline{x^2+x} \\ x+1 \\ \underline{x+1} \\ 0 \end{array}$$

即 $f(x)$ 的多项式唯一分解表达为:$f(x)=(x+1)^4$。

例 6.20 交换环 $R=(\mathbf{Z}_3,+_3,\times_3)$,$R[x]$ 上的多项式 $f(x)=x^4+1$,请将 $f(x)$ 进行多项式唯一分解。

解:$R[x]$ 上的 1 次不可约多项式有:$x,x+1,x+2$。

因为 $(f(x),x)=1$,所以 $x \nmid f(x)$,

因为 $x+1 \overline{)x^4+0x^3+0x^2+0x+1}$ 得商 x^3+2x^2+x+2, 所以 $x+1 \nmid f(x)$,

$$\begin{array}{r} x^3+2x^2+x+2 \\ x+1 \overline{\smash{)}x^4+0x^3+0x^2+0x+1} \\ \underline{x^4+x^3} \\ 2x^3+0x^2 \\ \underline{2x^3+2x^2} \\ x^2+0x \\ \underline{x^2+x} \\ 2x+1 \\ \underline{2x+2} \\ 2 \end{array}$$

因为 $x+2 \overline{)x^4+0x^3+0x^2+0x+1}$ 得商 x^3+x^2+x+1, 所以 $x+2 \nmid f(x)$

$$\begin{array}{r} x^3+x^2+x+1 \\ x+2 \overline{\smash{)}x^4+0x^3+0x^2+0x+1} \\ \underline{x^4+2x^3} \\ x^3+0x^2 \\ \underline{x^3+2x^2} \\ x^2+0x \\ \underline{x^2+2x} \\ x+1 \\ \underline{x+2} \\ 2 \end{array}$$

根据例 6.18，$R[x]$ 上的 2 次不可约多项式有 x^2+1, x^2+x+2, x^2+2x+2。

因为 $x^2+0x+1 \overline{)x^4+0x^3+0x^2+0x+1}$ 商为 x^2+0x+2，所以 $x^2+1 \nmid f(x)$，
$$\underline{x^4+0x^3+\ x^2\ }$$
$$2x^2+0x+1$$
$$\underline{2x^2+0x+2}$$
$$2$$

因为 $x^2+x+2 \overline{)x^4+0x^3+0x^2+0x+1}$ 商为 x^2+2x+2，所以 $f(x)=(x^2+x+2)(x^2+2x+2)$，
$$\underline{x^4+\ x^3+2x^2}$$
$$2x^3+\ x^2+0x$$
$$\underline{2x^3+2x^2+x}$$
$$2x^2+2x+1$$
$$\underline{2x^2+2x+1}$$
$$0$$

即 $f(x)$ 的多项式唯一分解表达为：$f(x)=(x^2+x+2)(x^2+2x+2)$。

例 6.21 交换环 $R=(\mathbf{Z}_2, +_2, \times_2)$，$R[x]$ 上的多项式 $f(x)=x^5+1, g(x)=x^4+x+1$，请计算 $(f(x),g(x))$。

解：因为 $x^4+0x^3+0x^2+x+1 \overline{)x^5+0x^4+0x^3+0x^2+0x+1}$ 商为 $x+0$，
$$\underline{x^5+0x^4+0x^3+\ x^2+\ x}$$
$$x^2+\ x+1$$

所以 $(f(x),g(x))=(g(x),x^2+x+1)$，

因为 $x^2+x+1 \overline{)x^4+0x^3+0x^2+x+1}$ 商为 x^2+x+0，
$$\underline{x^4+\ x^3+\ x^2}$$
$$x^3+\ x^2+x$$
$$\underline{x^3+\ x^2+x}$$
$$1$$

所以 $(f(x),g(x))=(g(x),x^2+x+1)=1$。

例 6.22 交换环 $R=(\mathbf{Z}_3, +_3, \times_3)$，$R[x]$ 上的多项式 $f(x)=x^5+1, g(x)=x^4+x+1$，请计算 $(f(x),g(x))$。

解：因为 $x^4+0x^3+0x^2+x+1 \overline{)x^5+0x^4+0x^3+0x^2+0x+1}$ 商为 $x+0$，
$$\underline{x^5+0x^4+0x^3+\ x^2+\ x}$$
$$2x^2+2x+1$$

所以 $(f(x),g(x))=(g(x),2x^2+2x+1)$，

因为 $2x^2+2x+1 \overline{)x^4+0x^3+0x^2+x+1}$ ，商为 $2x^2+x+1$，
$$\begin{array}{r} x^4+\ x^3+2x^2 \\ \hline 2x^3+x^2+\ x \\ 2x^3+2x^2+x \\ \hline 2x^2+0x+1 \\ 2x^2+2x+1 \\ \hline x+0 \end{array}$$

所以 $(f(x),g(x))=(g(x),2x^2+2x+1)=(2x^2+2x+1,x)=1$。

例 6.23 交换环 $R=(\mathbf{Z}_2,+_2,\times_2)$，$R[x]$ 上的多项式 $f(x)=x^5+1$，$g(x)=x^4+x+1$，请计算 $g(x)^{-1}(\bmod f(x))$。

解：根据例 6.21，$f(x)=g(x)x+x^2+x+1$，
$$g(x)=(x^2+x+1)(x^2+x)+1$$

所以 $1=g(x)-(x^2+x+1)(x^2+x)=g(x)-(f(x)-g(x)x)(x^2+x)=(x^3+x^2+1)g(x)-(x^2+x)f(x)$。

所以 $g(x)^{-1}(\bmod f(x))=x^3+x^2+1$。

例 6.24 交换环 $R=(\mathbf{Z}_3,+_3,\times_3)$，$R[x]$ 上的多项式 $f(x)=x^5+1$，$g(x)=x^4+x+1$，请计算 $g(x)^{-1}(\bmod f(x))$。

解：根据例 6.22，$f(x)=g(x)x+2x^2+2x+1$，
$$g(x)=(2x^2+2x+1)(2x^2+x+1)+x,$$
$$2x^2+2x+1=x(2x+2)+1,$$

所以 $1=2x^2+2x+1-x(2x+2)$
$=2x^2+2x+1-(g(x)-(2x^2+2x+1)(2x^2+x+1))(2x+2)$
$=(2x^2+2x+1)(x^3+x)-g(x)(2x+2)$
$=(f(x)-g(x)x)(x^3+x)-g(x)(2x+2)$
$=f(x)(x^3+x)-g(x)(x^4+x^2+2x+2)$

所以 $g(x)^{-1}(\bmod f(x))=-(x^4+x^2+2x+2)=2x^4+2x^2+x+1$。

例 6.25 交换环 $R=(\mathbf{Z}_2,+_2,\times_2)$，$R[x]$ 上的多项式 $f(x)=x^4+1$，$g(x)=x^2+1$，请计算 $\mathrm{ord}_{f(x)}(g(x))$。

解：$x^2+1 \overline{)x^4+0x^3+0x^2+0x^1+1}$，商为 x^2+0x^1+1，
$$\begin{array}{r} x^4+0x^3+\ x^2 \\ \hline x^2+0x^1+1 \\ x^2+0x^1+1 \\ \hline 0 \end{array}$$

所以 $f(x)(\bmod g(x))=0$，
所以 $\mathrm{ord}_{f(x)}(g(x))$ 不存在。

例 6.26 交换环 $R=(\mathbf{Z}_3,+_3,\times_3)$，$R[x]$ 上的多项式 $f(x)=x^4+1$，$g(x)=x^2+1$，请计算 $\mathrm{ord}_{f(x)}(g(x))$。

解：
$$x^2+1 \overline{)x^4+0x^3+0x^2+0x^1+1} \quad \text{商: } x^2+0x^1+2$$
$$\underline{x^4+0x^3+\ x^2}$$
$$2x^2+0x^1+1$$
$$\underline{2x^2+0x^1+2}$$
$$2$$

所以 $f(x)=g(x)(x^2+2)+2$，$2f(x)+g(x)(x^2+2)=1$，即 $(f(x),g(x))=1$，

又因为 $g(x)^2 \pmod{f(x)} = x^4+2x^2+1 = 2x^2$，

$g(x)^3 \pmod{f(x)} = 2x^4+2x^2 = 2x^2+1$，

$g(x)^4 \pmod{f(x)} = 4x^4 = 2$，

$g(x)^5 \pmod{f(x)} = 2x^2+2$，

$g(x)^6 \pmod{f(x)} = 4x^2 = x^2$，

$g(x)^7 \pmod{f(x)} = x^4+x^2 = x^2+2$，

$g(x)^8 \pmod{f(x)} = 4 = 1$，

所以 $\mathrm{ord}_{f(x)}(g(x))=8$。

【进一步的知识】 多项式生成群

环 $R=(\mathbf{Z}_3,+_3,\times_3)$，$R[x]$ 上的多项式 $g(x)=x^2+1$，则根据例 6.26，$<g(x)>$ 生成群 $(G,*)$，其中，$G=\{1,2,x^2,x^2+1,x^2+2,2x^2,2x^2+1,2x^2+2\}$。

$\forall f(x),h(x) \in G$，有 $f(x)*h(x)=f(x)\times_3 h(x) \pmod{x^4+1}$。

其实，x^4+1 可以换成 $R[x]$ 上任意与 $g(x)$ 互素的多项式。

【你应该知道的】

多项式的向量表达形式：如果取出多项式的系数形成 n 位数据组，则可以形成与原多项式的一一对应的关系，因此可以相互转换。

例如：$f(x)=3x^5+5x^3+2x^2+1 \in \mathbf{Z}_7[x] \leftrightarrow 305201_7$

$f(x)=x^5+x^3+x^2+1 \in \mathbf{Z}_2[x] \leftrightarrow 101101_2$

使用向量表示多项式可以简化多项式的运算与存储，多项式运算可以转换为对应向量的运算，向量的进制为系数环的阶。

例 6.27 交换环 $R=(\mathbf{Z}_2,+_2,\times_2)$，$R[x]$ 上的多项式 $f(x)=x^5+1$，$g(x)=x^4+x+1$，请计算 $g(x)^{-1} \pmod{f(x)}$。

解： $f(x)=100001_2$，$g(x)=10011_2$，

因为
$$10011 \overline{)100001} \quad \text{商: } 10$$
$$\underline{10011}$$
$$111$$

$$111 \overline{)10011} \quad \text{商: } 110$$
$$\underline{111}$$
$$111$$
$$\underline{111}$$
$$01$$

即：$f(x)=g(x)\times 10_2+111_2$，$g(x)=111_2 \times 110_2+1_2$。

所以 $1=g(x)-111_2 \times 110_2=g(x)-(f(x)-g(x)\times 10_2)\times 110_2=g(x)\times 1101_2-f(x)\times 110_2$

所以 $g(x)^{-1} \pmod{f(x)} = 1101_2 = x^3+x^2+1$。

例 6.28 交换环 $R=(\mathbf{Z}_3,+_3,\times_3)$，$R[x]$ 上的多项式 $f(x)=x^5+1$，$g(x)=x^4+x+1$，请计算 $g(x)^{-1}(\bmod f(x))$。

解：$f(x)=100001_3$，$g(x)=10011_3$，

因为
```
        10               211              22
10011)100001      221)10011        10)221
      10011              112              20
        221              211              21
                         221              20
                         201               1
                         221
                          10
```

即：$f(x)=g(x)\times 10_3+221_3$，$g(x)=221_3\times 211_3+10_3$，$221_3=10_3\times 22_3+1_3$

所以 $1=221_3-10_3\times 22_3=221_3-(g(x)-221_3\times 211_3)\times 22_3=221_3\times 1010_3-g(x)\times 22_3$
$\qquad =(f(x)-g(x)\times 10_3)\times 1010_3-g(x)\times 22_3$
$\qquad =f(x)\times 1010_3-g(x)\times 10122_3$

所以 $g(x)^{-1}(\bmod f(x))=-10122_3=20211_3=2x^4+2x^2+x+1$。

【进一步的知识】 CRC

在数据通信中，数据传输可能会出现差错，导致接收端接收到的数据与发送端发出的数据不一致。

为了提高传输质量，减少差错，就需要采取差错控制方法，来检查是否出现了错误以及如何纠正错误。差错控制方法主要可以分为两类：检错码和纠错码。这两种方法都需要在发送原始数据的同时带上一定的冗余信息，以便接收端根据这些冗余信息发现甚至纠正错误。检错码方案中，接收端能够发现出现了错误，但不能确定究竟是哪一位或者哪几位出现了错误，所以不能够纠正过来。纠错码方案中，接收端不仅能够发现传输差错，还能够自动纠正过来。

纠错码方法实现比较困难，在实际通信过程中通常很少采用，检错码则通过发送端重传的机制达到纠错的目的，虽然可能重传耗时可能更长，但技术简单、实现容易、编码与解码的速度快，目前得到了广泛的使用。

循环冗余码(Cyclic Redundancy Code，CRC)是目前数据通信领域中最常用的一种检错码，具有检错能力强与实现容易的特点。

1. CRC 的实现方法

循环冗余码的工作过程可以简单地概括为 4 步。下面的例子中假设发送端需要发送的原始待发数据为 1010001101，循环冗余码的生成多项式为 110101。

(1) 添 0：在需要发送的数据后面添加 0，0 的个数比生成多项式的位数少一个。此例中 1010001101 后面添加 5 个 0，变成 101000110100000。

(2) 做除法：将添加了 0 的原始待发数据作为被除数，生成多项式作为除数，做除法。此时应注意两点：①除法时并非减法，而是异或，所以 101000−110101=011101；②我们关心的是最后的余数而不是商。

(3) 余数填充：将余数填入待发数据中补充的 0 的位置，得到发送方将发送的数据。此

例中得到的余数为 01110。注意,余数的位数与补充的 0 的位数一样,都是比除数少一位。此例中发送方将 1010001101 01110 发给接收方。

```
                    1101010110                              1101010110
发送方:110101)1010001100000      接收方:110101)1010001101110
           110101                              110101
           ──────                              ──────
            111011                              111011
            110101                              110101
            ──────                              ──────
             111010                              111010
             110101                              110101
             ──────                              ──────
              111110                              111110
              110101                              110101
              ──────                              ──────
               101100                              101111
               110101                              110101
               ──────                              ──────
                110010                              110101
                110101                              110101
                ──────                              ──────
                 01110                              00000
```

(4) 接收方检查:接收方将收到的数据执行与发送方同样的除法,如果得到的余数为 0,则验证通过,如果不为 0 则传输出错。

根据上面的介绍,请回答下面的问题。

发送方需要发送数据 1101011011,生成多项式为 10011,发送方实际发送出什么数据?如果数据传输过程中最后一位变成了 1,接收方能够检查出来吗?如果最后两位变成了 01 呢?

2. CRC 的数学原理

CRC 的计算是交换环 $R=(\mathbf{Z}_2,+_2,\times_2)$ 上的多项式环 $R[x]$ 中的多项式运算。

待传输的数据是二进制位流,可视为多项式环 $R[x]$ 的多项式的向量表达形式,所以 CRC 也叫作多项式编码。

若待发送数据为 $M(x)$,生成元为 $G(x)$,$G(x)$ 的最高次数为 r,$R(x)$ 为余数,实际发送的数据为 $S(x)$,整个 CRC 的 4 步计算过程的数学原理可以表示如下。

(1) 添零:计算 $F(x)=x^r \times M(x)$。

(2) 做除法:$R(x)=F(x)(\bmod G(x))=x^r \times M(x)(\bmod G(x))$。

(3) 余数填充:$S(x)=F(x)+R(x)=x^r \times M(x)+R(x)$。

(4) 接收方检查:$S(x)(\bmod G(x))=(x^r \times M(x)+R(x))(\bmod G(x))=R(x)+R(x)(\bmod G(x))=0$。

根据上面的分析,请回答下述两个问题。

(1) 要求 $G(x)$ 必须是不可约多项式,你知道为什么吗?$G(x)$ 被称为生成多项式,你知道为什么吗?请查阅资料寻找目前国际标准中使用的 $G(x)$。

(2) CRC 能不能检查出所有差错?也就是说 CRC 的差错检测是不是 100% 可靠的?什么时候传输出现了差错 CRC 却不能够检查出来?

小结

1. 群、环和域

群、环和域关系图如图 6-1 所示。

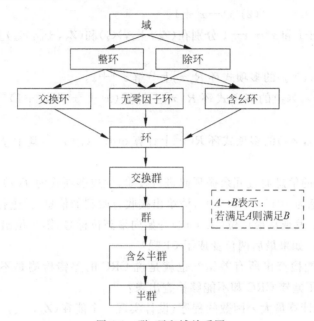

图 6-1 群、环和域关系图

2. 多项式环

(1) $R[x]$：交换环 R 上的多项式环，元素为多项式，多项式的系数来自于交换环 R，R 被称为 $R[x]$ 的系数环。

(2) $R[x]$ 为交换环。

(3) R 为 $R[x]$ 的子环，$R[x]$ 的零元为 R 的零元。

(4) "式"似"数"：多项式带余除法，素式和合式，多项式欧几里得算法，最大公约式，最小公倍式，多项式互素，多项式唯一分解，同余式，模多项式的逆元，模多项式的完系和缩系，模多项式的阶，多项式生成子群等。

(5) 向量表达：多项式运算转换为对应向量的运算，简化运算与存储，向量的进制为系数环元素的个数。

作业

1. 设 $S=\{(a,b)|a,b\in \mathbf{Z}\}$，$(S,+,*)$ 构成环吗？其中定义 S 上的运算为：
$\forall x_1,x_2,y_1,y_2 \in S, (x_1,x_2)+(y_1,y_2)=(x_1+y_1,x_2+y_2), (x_1,x_2)*(y_1,y_2)=$

(x_1y_1, x_2y_2)。

2. 设 S_1 和 S_2 是 R 的子环,请问:

(1) $S_1 \cap S_2$ 是 R 的子环吗?

(2) $S_1 \cup S_2$ 是 R 的子环吗?

3. 在多项式环 $R[x]$ 中,下面多项式是不可约多项式吗? 其中,$R[x]$ 为 $(Z_2, +_2, \times_2)$ 上的多项式环。若 $R[x]$ 为 $(Z_3, +_3, \times_3)$ 呢?

(1) x^3+1 (2) x^4+x^3+1

4. 计算 x^3+x+1 和 x^2+x+1 分别在 $(Z_2, +_2, \times_2)$ 和 $(Z_5, +_5, \times_5)$ 上的多项式环中的最大公因式。

5. 请在 $(Z_2, +_2, \times_2)$ 的多项式环 $R[x]$ 上分解 $x^{14}+1$。

6. 请在 $(Z_2, +_2, \times_2)$ 的多项式环 $R[x]$ 上计算 $(x^7+x^4+x^3+1)^{-1} \pmod{x^8+x^4+x^3+x+1}$。

7. 请在 $(Z_2, +_2, \times_2)$ 的多项式环 $R[x]$ 上计算 $\text{ord}_{f(x)}(g(x))$,其中 $f(x)=x^4+x+1$,$g(x)=x$。

8. 网络中发送的信息通过冗余循环码进行校验,生成多项式为 $f(x)=x^3+x+1$。

(1) 传送的信息为 1011 0100 1100,请给出接收方收到的信息,并进行校验。

(2) 如果校验后发现从最低位(第1位)开始向最高位标号,第7位出现了错误,请问校验后的结果是多少? 如果最后两位变成了 01 呢?

(3) CRC 能不能检查出所有差错? 也就是说 CRC 的差错检测是不是 100% 可靠的? 什么时候传输出现了差错 CRC 却不能够检查出来?

9. 请修改你的计算最大公因数的程序,设计实现一个能在 $(Z_n, +_n, \times_n)$ 的多项式环上计算两个多项式的最大公因式的算法。类似地,你能设计一个程序自动判断 $(Z_n, +_n, \times_n)$ 的多项式环上的一个多项式是否是不可约多项式吗?

第7章 有 限 域

> **【教学目的】**
> 掌握有限域的构造方法,掌握生成多项式、特征、本原元等基本概念,掌握有限域的加法群和乘法群的基本性质,能够建立有限域的加法运算表和乘法运算表,能够生成有限域的子域,掌握有限域在密码学中的典型应用。
>
> **【教学要求】**
> 通过本章的学习,读者能够:
> (1) 识记:生成多项式、特征、本原元、素域等基本概念。
> (2) 领会:有限域的加法群和乘法群的基本性质,生成子域。
> (3) 简单应用:利用生成多项式构造有限域。
> (4) 综合应用:有限域上的多项式在 AES 中的应用。
>
> **【学习重点与难点】**
> 本章的重点是利用生成多项式构造有限域,难点是有限域上的多项式在 AES 中的应用。

在第 6 章中已经学过域的概念。若有两个二元运算的代数结构 $(F,+,\times)$ 满足下面三个条件:

(1) F 对 $+$ 运算构成**交换群**;

(2) F 中**所有非零元素**对 $\times$ 运算构成**交换群**;

(3) $+$ 运算和 $\times$ 运算之间满足分配律。

则此代数结构称为 $(F,+,\times)$。若 F 的阶是有限的,则 F 称为有限域,记为 $GF(n)$,n 为 F 元素的个数。

那么,你能举一个例子,构造出一个 $GF(n)$ 吗?如 $GF(7)$ 或 $GF(8)$?

显然 $GF(7)$ 应具有 7 个元素,一个典型集合就是模 7 的完全剩余系。仔细分析不难发现,若 p 为素数,则代数结构 $(Z_p,+_p,\times_p)$ 为域,记为 $GF(p)$。

但模若为合数,如代数结构 $(Z_{26},+_{26},\times_{26})$ 只能形成一个有单位元的交换环,这是因为 2 和 13 为其零因子,没有乘法逆元,因此 $(Z_{26}-\{0\},\times_{26})$ 不能构成群,则 $(Z_{26},+_{26},\times_{26})$ 不是域。

那么如何构造 $GF(8)$ 呢?考虑不用整数作为模,而取一个 3 次多项式,如 $Z_2[x]$ 上的素式 $f(x)=x^3+x+1$,那么模 $f(x)$ 的完全剩余系可以表示为 $A=\{0,1,x,x+1,x^2,x^2+1,x^2+x,x^2+x+1\}$,共 $2^3=8$ 个元素,且每个元素均与 $f(x)$ 互素(均比 $f(x)$ 小而 $f(x)$ 为素式),因此交换环 $(A,+_{f(x)},\times_{f(x)})$ 中除 0 外每个元素均具有乘法逆元,构成一个 8 元域 $GF(8)$。相似地,可以构造出 $GF(9)$、$GF(16)$、…

本章将对上述构造有限域 GF(n) 的过程和 GF(n) 上具体的计算进行详细分析。

当 p 为素数时，剩余类环 $(\mathbf{Z}_p, +_p, \times_p)$ 为整环。$\mathbf{Z}_p$ 上的多项式环 $\mathbf{Z}_p[x]$ 为交换环，$\mathbf{Z}_p[x]$ 的性质类似于整数环 $(\mathbf{Z}, +, \times)$。因此可以类似剩余类环 $(\mathbf{Z}_p, +_p, \times_p)$ 构造剩余多项式环 $\mathbf{Z}_p[x]_{f(x)}$，模为 $\mathbf{Z}_p[x]$ 上的多项式 $f(x)$。

若 p 为素数，剩余类环 $\mathbf{Z}_p$ 中每个非 0 元素与 p 互素，均存在逆元，$\mathbf{Z}_p$ 是域。该域的阶为 p，记此域为**有限域 GF(p)**。

相似地，若 $f(x)$ 为 $\mathbf{Z}_p[x]$ 上的素式，则剩余多项式环 $\mathbf{Z}_p[x]_{f(x)}$ 中每个非 0 元素与 $f(x)$ 互素，均存在逆元，$\mathbf{Z}_p[x]_{f(x)}$ 是域。当 $f(x)$ 的最高次数为 n 时，该域的阶为 p^n，记此域为**有限域 GF(p^n)**。

例 7.1 交换环 $R=(\mathbf{Z}_2, +_2, \times_2)$，$R$ 上的多项式环 $R[x]$ 上有多项式 $f(x)=x^3+x+1$，模 $f(x)$ 的完全剩余系有 $2^3=8$ 个元素，分别为：$0, 1, x, x+1, x^2, x^2+1, x^2+x, x^2+x+1$。

$f(x)$ 为素式（见例 6.17），则 $(A, +, \times)$ 是域，其中，$A=\{0, 1, x, x+1, x^2, x^2+1, x^2+x, x^2+x+1\}$，$\forall g(x), h(x) \in A$，$g(x)+h(x) \equiv g(x)+h(x) \pmod{f(x)}$ 和 $g(x) \times h(x) \equiv g(x) \times h(x) \pmod{f(x)}$。

有：(1) $(A, +)$ 是交换群，零元为 0，每个元的负元均为自身，+ 的运算表如表 7-1 所示；

(2) $(A-\{0\}, \times)$ 是交换群，单位元为 1，1 的逆元为 1，x 和 x^2+1 互为逆元，$x+1$ 和 x^2+x 互为逆元，x^2 和 x^2+x+1 互为逆元，$\times$ 的运算表如表 7-2 所示。

所以 $(\mathbf{Z}_2, +_2, \times_2)$ 上的剩余多项式环 $(A, +, \times)$ 构成域 GF(2^3)。

表 7-1 有限域 $(A, +, \times)$ 上的加法运算表

+	**000**	**001**	**010**	**011**	**100**	**101**	**110**	**111**
000	000	001	010	011	100	101	110	111
001	001	000	011	010	101	100	111	110
010	010	011	000	001	110	111	100	101
011	011	010	001	000	111	110	101	100
100	100	101	110	111	000	001	010	011
101	101	100	111	110	001	000	011	010
110	110	111	100	101	010	011	000	001
111	111	110	101	100	011	010	001	000

表 7-2 有限域 $(A, +, \times)$ 上的乘法运算表

×	**000**	**001**	**010**	**011**	**100**	**101**	**110**	**111**
000	000	000	000	000	000	000	000	000
001	000	001	010	011	100	101	110	111
010	000	010	100	110	011	001	111	101
011	000	011	110	101	111	100	001	010
100	000	100	011	111	110	010	101	001
101	000	101	001	100	010	111	011	110
110	000	110	111	001	101	011	010	100
111	000	111	101	010	001	110	100	011

例 7.2 交换环 $R=(\mathbf{Z}_3,+_3,\times_3)$，$R$ 上的多项式环 $R[x]$ 上有多项式 $f(x)=x^2+1$，模 $f(x)$ 的完全剩余系有 $3^2=9$ 个元素，分别为：$0,1,2,x,x+1,x+2,2x,2x+1,2x+2$。

$f(x)$ 为素式（见例 6.16），则 $(B,+,\times)$ 是域，其中，$B=\{0,1,2,x,x+1,x+2,2x,2x+1,2x+2\}$，$\forall g(x),h(x)\in B$，$g(x)+h(x)=g(x)+h(x)\pmod{f(x)}$ 和 $g(x)\times h(x)=g(x)\times h(x)\pmod{f(x)}$。

有：(1) $(B,+)$ 是交换群，零元为 0，0 负元为自身，1 和 2 互为负元，x 和 $2x$ 互为负元，$x+1$ 和 $2x+2$ 互为负元，$x+2$ 和 $2x+1$ 互为负元，$+$ 的运算表如表 7-3 所示；

(2) $(B-\{0\},\times)$ 是交换群，单位元为 1，1 和 2 的逆元分别为自身，x 和 $2x$ 互为逆元，$x+1$ 和 $x+2$ 互为逆元，$2x+2$ 和 $2x+1$ 互为逆元，$\times$ 的运算表如表 7-4 所示。

所以 $(\mathbf{Z}_3,+_3,\times_3)$ 上的剩余多项式环 $(B,+,\times)$ 构成域 $GF(3^2)$。

表 7-3 有限域 $(B,+,\times)$ 上的加法运算表

+	00	01	02	10	11	12	20	21	22
00	00	01	02	10	11	12	20	21	22
01	01	02	00	11	12	10	21	22	20
02	02	00	01	12	10	11	22	20	21
10	10	11	12	20	21	22	00	01	02
11	11	12	10	21	22	20	01	02	00
12	12	10	11	22	20	21	02	00	01
20	20	21	22	00	01	02	10	11	12
21	21	22	20	01	02	00	11	12	10
22	22	20	21	02	00	01	12	10	11

表 7-4 有限域 $(B,+,\times)$ 上的乘法运算表

×	00	01	02	10	11	12	20	21	22
00	00	00	00	00	00	00	00	00	00
01	00	01	02	10	11	12	20	21	22
02	00	02	01	20	22	21	10	12	11
10	00	10	20	02	12	22	01	11	21
11	00	11	22	12	20	01	21	02	10
12	00	12	21	22	01	10	11	20	02
20	00	20	10	01	21	11	02	22	12
21	00	21	12	11	02	20	22	10	01
22	00	22	11	21	10	02	12	01	20

【你应该知道的】

$GF(p)$ 上的多项式环有 n 次素式 $f(x)$，模 $f(x)$ 的剩余多项式环为域 $GF(p^n)$，则：

(1) $GF(p)$ 为 $GF(p^n)$ 的子域，$GF(p^n)$ 为 $GF(p)$ 的扩域，称 **n 次素式 $f(x)$ 将 $GF(p)$ 扩成 $GF(p^n)$**。

(2) $f(x)$ 称为 $GF(p^n)$ 的**生成多项式**。此 $GF(p^n)$ 可记为 $\mathbf{Z}_p[x]_{f(x)}$ 或 $GF(p)/f(x)$。

例 7.3 交换环 $R=(\mathbf{Z}_2,+_2,\times_2)$，$R$ 上的多项式环 $R[x]$ 上有多项式 $f(x)=x^3+x^2+$

1，模 $f(x)$ 的完全剩余系有 $2^3=8$ 个元素，分别为：$0,1,x,x+1,x^2,x^2+1,x^2+x,x^2+x+1$。

$f(x)$ 为素式，这是因为 1 次素式有 x 和 $x+1$，2 次素式有 x^2+x+1，而 $(f(x),x)=1$，$(f(x),x+1)=1$，$(f(x),x^2+x+1)=(x^2+x+1,x+1)=1$。

则 $(C,+,\times)$ 是域，其中，$C=\{0,1,x,x+1,x^2,x^2+1,x^2+x,x^2+x+1\}$，$\forall g(x),h(x)\in C$，$g(x)+h(x)=g(x)+h(x)\pmod{f(x)}$ 和 $g(x)\times h(x)=g(x)\times h(x)\pmod{f(x)}$，有：

(1) $(C,+)$ 是交换群，零元为 0，每个元的负元均为自身，+ 的运算表如表 7-5 所示；

(2) $(C-\{0\},\times)$ 是交换群，单位元是 1，1 的逆元为 1，x 和 x^2+x 互为逆元，$x+1$ 和 x^2 互为逆元，x^2+1 和 x^2+x+1 互为逆元，x 的运算表如表 7-6 所示。

所以 $(\mathbf{Z}_2,+_2,\times_2)$ 上的剩余多项式环 $(C,+,\times)$ 构成域 $GF(2^3)$。

表 7-5　有限域 $(C,+,\times)$ 上的加法运算表

+	000	001	010	011	100	101	110	111
000	000	001	010	011	100	101	110	111
001	001	000	011	010	101	100	111	110
010	010	011	000	001	110	111	100	101
011	011	010	001	000	111	110	101	100
100	100	101	110	111	000	001	010	011
101	101	100	111	110	001	000	011	010
110	110	111	100	101	010	011	000	001
111	111	110	101	100	011	010	001	000

表 7-6　有限域 $(C,+,\times)$ 上的乘法运算表

×	000	001	010	011	100	101	110	111
000	000	000	000	000	000	000	000	000
001	000	001	010	011	100	101	110	111
010	000	010	100	110	101	111	001	011
011	000	011	110	101	001	010	111	100
100	000	100	101	001	111	011	010	110
101	000	101	111	010	011	110	100	001
110	000	110	001	111	010	100	011	101
111	000	111	011	100	110	001	101	010

【思考】

例 7.1 中 x^3+x+1 生成的 $GF(2^3)$ 和例 7.3 中 x^3+x^2+1 生成的 $GF(2^3)$ 是同一个有限域吗？

显然，两个域的基集 A 与 C 是同一个集合，但集合中元素的运算规则并不相同，如多项式 x 在 A 中的逆元为 x^2+1，在 C 中的逆元却为 x^2+x。因此，这是两个不同的代数结构吗？

若有一一映射 $f: A\to C$，使得有限域 A 和 C 同构。必然有，$f(0)=0,f(1)=1$，若有

$f(x)=x$,则有 $f(x^2+1)=f(x^{-1})=x^{-1}=x^2+x, f(x^2)=f(x)^2=x^2$。

所以,$f(x^2+x+1)=f((x^2)^{-1})=(x^2)^{-1}=x+1, f(x^3)=f(x+1)=x^3=x^2+1$。

最后,$f(x^2+x)=f((x+1)x)=f(x+1)f(x)=(x^2+1)x=x^3+x=x^2+x+1$。

设 $g(x)=f^{-1}(x)$,有 $g(0)=0, g(1)=1, g(x)=x$,

则 $g(x^2)=x^2, g(x^3)=g(x^2+1)=x^3=x+1$,

$g(x+1)=g((x^2)^{-1})=(x^2)^{-1}=x^2+x+1, g(x^2+x+1)=g((x^2+1)^{-1})=(x+1)^{-1}=x^2+x$,

$g(x^2+x)=g((x+1)x)=g(x+1)g(x)=(x^2+x+1)x=x^3+x^2+x=x^2+1$。

因此,一一映射 f 使有限域 A 和有限域 C 同构,同构映射关系如表 7-7 所示。

综上所述,这两个有限域可认为是同一个。

表 7-7 有限域 A 和有限域 C 同构映射

集合	a	a^{-1}	a^2	a^{-2}	a^3	a^{-3}
A	x	x^2+1	x^2	x^2+x+1	$x+1$	x^2+x
C	x	x^2+x	x^2	$x+1$	x^2+1	x^2+x+1

将 C 中的变量 x 使用 y 表示,可以使上述分析更明晰。

A 为 x^3+x+1 生成的 $GF(2^3)$,C 为 y^3+y^2+1 生成的 $GF(2^3)$,设有一一映射 f:$A \to C$,使得有限域 A 和 C 同构,显然,$f(0)=0, f(1)=1$,若 $f(x)=y$,则:

$f(x^2)=f(x)^2=y^2$,

$f(x^3)=f(x^3 \pmod{x^3+x+1})=f(x+1)=y^3 \pmod{y^3+y^2+1}=y^2+1$,

$f(x^4)=f(x^4 \pmod{x^3+x+1})=f(x^2+x)=(y^2+1)y=y^3+y \pmod{y^3+y^2+1}=y^2+y+1$,

$f(x^5)=f(x^5 \pmod{x^3+x+1})=f(x^2+x+1)=(y^2+y+1)y=y^3+y^2+y \pmod{y^3+y^2+1}=y+1$,

$f(x^6)=f(x^6 \pmod{x^3+x+1})=f(x^2+1)=(y+1)y=y^2+y \pmod{y^3+y^2+1}=y^2+y$。

实际上可以建立表 7-8 和表 7-9,对应关系更直观。其中的生成元是指乘法群的生成元。

表 7-8 由 x^3+x+1 生成的 $GF(2^3)$

向量形式	多项式形式	生成元的幂	指数形式
000	0	—	—
001	1	a^0	0
010	x	a^1	1
100	x^2	a^2	2
011	$x+1$	a^3	3
110	x^2+x	a^4	4
111	x^2+x+1	a^5	5
101	x^2+1	a^6	6

表 7-9 由 x^3+x^2+1 生成的 GF(2^3)

向量形式	多项式形式	生成元的幂	指数形式
000	0	—	—
001	1	a^0	0
010	x	a^1	1
100	x^2	a^2	2
101	x^2+1	a^3	3
111	x^2+x+1	a^4	4
011	$x+1$	a^5	5
110	x^2+x	a^6	6

【你应该知道的】

(1) 生成有限域 GF(p^n)的关键是找到 GF(p)上的 n 次素式。

(2) **两个元素个数相同的有限域一定同构**,因此生成有限域 GF(p^n)只需找到一个 GF(p)上的 n 次素式。下面不妨以 $f(x)=x^3+x+1$ 生成的 GF(2^3)为例对 GF(p^n)进行详细分析:

GF(2^3)={000,001,010,011,100,101,110,111},|GF(2^3)|=8;

1. GF(2^3)的加法群

(1) 零元:加法的单位元为 0。

(2) 负元:每个元的负元均为自身。

(3) 加法子群:S_1={000},S_2={000,001},S_3={000,010},S_4={000,011},

S_5={000,100},S_6={000,101},S_7={000,110},S_8={000,111},

S_9={000,001,010,011}=$S_2 \cup S_3 \cup S_4$,

S_{10}={000,001,100,101}=$S_2 \cup S_5 \cup S_6$,

S_{11}={000,001,110,111}=$S_2 \cup S_7 \cup S_8$,

S_{12}={000,010,100,110}=$S_3 \cup S_5 \cup S_7$,

S_{13}={000,010,101,111}=$S_3 \cup S_6 \cup S_8$,

S_{14}={000,011,100,111}=$S_4 \cup S_5 \cup S_8$,

S_{15}={000,011,101,110}=$S_4 \cup S_6 \cup S_7$,

S_{16}=GF(2^3)。

(4) 加法子群的阶:1 阶子群 1 个,2 阶子群 7 个,4 阶子群 7 个,8 阶子群 1 个,$\forall i \in \mathbf{Z}, 1 \leqslant i \leqslant 16, |S_i| | 2^3$。

(5) 元素在加法群中的阶:|0|=1,其余元在加法群中的阶均为 2。

【请你注意】

(1) **域 F 的乘法群的单位元 1 在加法群中的阶被称为特征**(记为 Char F)。若 F 中 1 在加法群的阶为∞,则记 Char $F=0$。有理数域、实数域和复数域的特征都是 0;剩余类域($\mathbf{Z}_2, +_2, \times_2$)的特征为 2。**GF($p^n$)和 GF($p$)的特征都是 p**。域 F 的特征要么是 0,要么是一个素数 p。

(2) 任意非零元在加法群中的阶均为 Char F。

(3) 有限域 $GF(p^n)$ 中, $\forall a, b \in GF(p^n)$ 有 $(a+b)^p = a^p + b^p$。如 x^3+x+1 生成的 $GF(2^3)$ 中, $(x+1)^2 = x^2+1, (x^2+x+1)^2 = x^4+x^2+1 = x+1$。

2. $GF(2^3)$ 的乘法群

(1) 单位元：乘法的单位元为 1。

(2) 元素在乘法群的阶：$|001|=1$。

因为 $010^2 = 100, 010^3 = 1000 = 011, 010^4 = 110 \pmod{1011}$,
$010^5 = 1100 = 111, 010^6 = 1110 = 101, 010^7 = 1010 = 001 \pmod{1011}$,
所以 $|010|=7, |100|=7/(2,7)=7, |011|=7/(3,7)=7, \cdots$
即单位元 001 的阶为 1，其余的元素阶均为 7。

(3) 乘法子群：$S_1 = \{001\}$,
$$S_2 = GF(2^3) - \{000\} = <010> = <011> = <100>$$
$$= <101> = <110> = <111>;$$
即乘法群只有平凡子群；
乘法群是循环群，有 6 个生成元。

(4) 逆元：001 的逆元为自身，010 和 101 互为逆元，100 和 111 互为逆元，011 和 110 互为逆元。

【请你注意】

(1) 有限域的乘法群为循环群。

(2) 有限域 $GF(p^n)$ 中的费马定理：$\forall a \in GF(p^n), a^{p^n} = a$。

如 $GF(2^3)$ 中 $\forall a \in GF(2^3)$, 均有：$a^8 = a$。

(3) 有限域 $GF(p^n)$ 的乘法群的生成元称为该有限域的**本原元**，本原元的阶为 p^n-1，其余非零元素的阶均为 p^n-1 的因子。如 $GF(2^3)$ 中非零元均为本原元。

3. $GF(2^3)$ 的子域

若 A 是 $GF(p^n)$ 的子域，则 A 的加法群是 $GF(p^n)$ 加法群的子群，A 的乘法群是 $GF(p^n)$ 乘法群的子群。

因为乘法群只有平凡子群；
所以子域只有两个：$\{000, 001\}$ 和 $GF(2^3)$。

例 7.4 $GF(2^4)$ 的生成多项式为素式 $f(x) = x^4+x+1$，请计算该域的本原元。

解：$f(x) = x^4+x+1 = 10011_2$, $GF(2^4) = GF(2)/f(x) = \{0000, 0001, 0010, 0011, 0100, 0101, 0110, 0111, 1000, 1001, 1010, 1011, 1100, 1101, 1110, 1111\}$;

有：$0010^2 = 0100, 0010^3 = 1000, 0010^4 = 0011, 0010^5 = 0110, 0010^6 = 1100 \pmod{10011}$,
$0010^7 = 1011, 0010^8 = 0101, 0010^9 = 1010, 0010^{10} = 0111, 0010^{11} = 1110 \pmod{10011}$,
$0010^{12} = 1111, 0010^{13} = 1101, 0010^{14} = 1001, 0010^{15} = 0001 \pmod{10011}$,

所以 $|0010| = 15 = 2^4-1$,

所以 0010 为本原元，$0010^2 = 0100, 0010^4 = 0011, 0010^7 = 1011, 0010^8 = 0101, 0010^{11} = 1110, 0010^{13} = 1101, 0010^{14} = 1001$，均为本原元。

即 $GF(2)/f(x)$ 的本原元共 $\varphi(15)=\varphi(3)\varphi(5)=8$ 个,分别为 $x,x+1,x^2,x^2+1,x^3+1,x^3+x+1,x^3+x^2+1,x^3+x^2+x$。

例 7.5 $GF(2^4)$ 的生成多项式为 $f(x)=x^4+x+1$,请写出该域的所有子域。

解:(1) 根据例 7.4,0010 是该域的生成元,有

阶为 1 的乘法子群为 $A_1=\{0001\}$;

阶为 3 的乘法子群为 $A_2=\{0001,0110,0111\}=\{0010^k|(k,15)=5\}$;

阶为 5 的乘法子群为 $A_3=\{0001,1000,1100,1010,1111\}=\{0010^k|(k,15)=3\}$;

阶为 15 的乘法子群为 $A_4=GF(2^4)-\{0000\}=\{0010^k|(k,15)=1\}$。

(2) $S_1=A_1\cup\{0000\}=\{0000,0001\}$,$S_1$ 构成加法群;

$S_2=A_2\cup\{0000\}=\{0000,0001,0110,0111\}$,$S_2$ 构成加法群;

$S_3=A_3\cup\{0000\}=\{0000,0001,1000,1100,1010,1111\}$,$S_3$ 不构成加法群,如有 0001,$1000\in S_3$,$0001+1000\in S_3$;

$S_4=A_4\cup\{0000\}=GF(2^4)$,$S_4$ 构成加法群。

(3) $f(x)=x^4+x+1$ 生成的 $GF(2^4)$ 有三个子域:$\{0000,0001\}$、$\{0000,0001,0110,0111\}$ 和 $GF(2^4)$。

【进一步的知识】 素域

(1) 若 p 是素数,$GF(p)=(\mathbf{Z}_p,+_p,\times_p)$ 只具有平凡子域,即 $GF(p)$ 不含有任何真子域。一个没有任何真子域的域称为**素域**,也称为极小域,因为它不会是任何域的扩域。

(2) 若 p 是素数,$GF(p)$ 一定是 $GF(p^n)$ 的子域,是 $GF(p^n)$ 的最小的子域。

(3) 有限域 F 的特征等于 F 的素域的阶。

(4) 域 F 的所有子域的交是一个素域,$GF(p^n)$ 的素域为 $GF(p)$。

【思考】

前面分析的都是 $GF(p^n)$ 形式的有限域,那么是否具有非 $GF(p^n)$ 形式的有限域呢?如何能生成一个 $GF(10)$ 或 $GF(12)$ 呢?

【进一步的知识】 有限域上的多项式在 AES 中的应用

1997 年,美国政府向全世界发起征集高级数据加密标准(Advanced Encryption Stand,AES)的活动。2000 年,比利时密码学家 Vincent Rijmen 和 Joan Daemen 设计的 Rijndael 算法被选中。2001 年 11 月 26 日,美国政府正式公布 AES 为美国国家标准,这是密码学史上的一个重要事件。

AES 是一个迭代的、对称的、分组密码,密钥长度和分组长度均可变,可分别使用 128、192 和 256 位,AES 通常采用 128、192 和 256 位的密钥,并使用 128 位(16B)分组进行加密和解密数据,分别称为 AES-128、AES-192 和 AES-256。迭代加密使用一个循环结构,循环中重复使用置换和替换处理数据。通过反向顺序还原每个操作实现数据解密。

AES 算法由密钥扩展算法和加密(解密)算法两部分组成。密钥扩展算法用于将用户的主密钥扩展成若干个子密钥,这里不再详述,只重点分析加密算法。

AES 进行加密和解密处理的数据单位主要为字节和字(4B),一个字节(8b)的数据可以表示为 $GF(2)$ 上的多项式,可能出现的最高次数为 7。如字节 $00011010_2=x^4+x^3+x$,为便于阅读记为 1AH,相似地,10101011_2 记为 ABH,可表示为 $x^7+x^5+x^3+x+1$。

字节的加密需要进行加法和乘法运算,解密需要进行加密的逆运算。AES 采用 $GF(2)$ 上的素式 $f(x)=x^8+x^4+x^3+x+1$ 作为运算的模,其剩余多项式构成有限域 $GF(2^8)$,这

样任意一个字节的数据都可视为来自有限域 GF(2^8)，都存在负元和逆元。如字节 1AH 加上字节 ABH 就可以表示为 GF(2^8)上的运算：

0001 1010$_2$ + 1010 1011$_2$ = (x^4+x^3+x) + ($x^7+x^5+x^3+x+1$)(mod $x^8+x^4+x^3+x+1$)
$$= x^7 + x^5 + x^4 + 1 (\text{mod } x^8+x^4+x^3+x+1) = 1011\ 0001_2$$

因此记为 1AH+ABH=B1H。

1AH×ABH 可以表示为：

0001 1010$_2$ × 1010 1011$_2$ = (x^4+x^3+x) × ($x^7+x^5+x^3+x+1$)(mod $x^8+x^4+x^3+x+1$)
$$= x^{11}+x^{10}+x^9+x^7+x^5+x^4+x^3+x^2+x (\text{mod } x^8+x^4+x^3+x+1)$$
$$= x^5 + x^4 + x^3 + x^2 = 0011\ 1100_2$$

因此记为 1AH×ABH=3AH。

字节除了可以进行有限域加法和乘法运算，还可以进行按模移位处理，称为倍乘函数 xtime(x)。

首先分析简单的移位操作，若字节运算为循环左移一位，如 93H=1001 0011$_2$ 循环左移一位变为 0010 0111$_2$，实际运算可分为以下三步。

(1) 左移一位：1 0010 0110$_2$ = 1001 0011$_2$ × 10$_2$。

(2) 首位溢出：1001 0010$_2$ = 1 0010 0110$_2$ − 1 0000 0000$_2$ = 0010 0110$_2$ (mod 1 0000 0000$_2$)。

逻辑左移一位操作可以用公式表示为：
$$\text{xtime}(g(x)) = xg(x) (\text{mod } x^8) \tag{7-1}$$

(3) 进位循环：因为 1 0010 0110$_2$≥1 0000 0000$_2$，故 0010 0110$_2$ + 1 = 0010 0111$_2$。

循环逻辑左移一位操作可以用公式表示为：
$$\text{xtime}(g(x)) = xg(x) (\text{mod } x^8 - 1) = xg(x) (\text{mod } x^8 + 1) \tag{7-2}$$

AES 中定义的按模移位将模 x^8+1 改为其生成多项式 $f(x)$，倍乘函数定义为：
$$\text{xtime}(g(x)) = xg(x) (\text{mod } f(x))$$
$$= xg(x) (\text{mod } x^8+x^4+x^3+x+1) \tag{7-3}$$

此时，xtime(93H)=1001 0011$_2$ × 10$_2$ (mod 1 0001 1011$_2$) = 1 0010 0110$_2$ (mod 1 0001 1011$_2$) = 1 0010 0110$_2$ −$_2$ 1 0001 1011$_2$ = 0011 1101$_2$ = 3DH。同理，xtime(1AH) = 0001 1010$_2$ × 10$_2$ (mod 1 0001 1011$_2$) = 0 0011 0100$_2$ (mod 1 0001 1011$_2$) = 0011 0100$_2$ = 34H。

下面以 128 位分组为例，简单介绍 AES 加密算法的基本变换的具体过程，为表达简洁清晰，数据均使用十六进制。

若待加密数据为：1A-2B-3C-4D-5E-6F-78-90-01-23-45-67-89-AB-CD-EF，首先将输入数据构成一个 4×4 的字节明文矩阵：

1A	5E	01	89
2B	6F	23	AB
3C	78	45	CD
4D	90	67	EF

设初始密钥为 128 位 75-35-6B-99-05-61-39-D6-73-62-05-31-00-55-09-32，将其构成 4×4 的密钥矩阵：

75	05	73	00
35	61	62	55
6B	39	05	09
99	D6	31	32

(1) 轮密钥加：首先将明文矩阵和密钥矩阵相加。

1A	5E	01	89
2B	6F	23	AB
3C	78	45	CD
4D	90	67	EF

⊕

75	05	73	00
35	61	62	55
6B	39	05	09
99	D6	31	32

=

6F	5B	72	89
1E	0E	41	FE
57	41	40	C4
D4	46	56	DD

轮密钥加计算非常简单，却可以影响明文的每一位。

(2) 字节代替：接着按字节进行 S 盒查找替换操作，通过简单的查表操作实现输入数据的非线性代替。

6F	5B	72	89
1E	0E	41	FE
57	41	40	C4
D4	46	56	DD

S 盒字节代替 →

A8	39	40	A7
72	AB	83	BB
5B	83	09	1C
48	5A	B1	C1

AES 实现字节代换的 S 盒如表 7-10 所示。

表 7-10　AES 实现字节代换的 S 盒

高\低	0	1	2	3	4	5	6	7	8	9	A	B	C	D	E	F
0	63	7C	77	7B	F2	6B	6F	C5	30	01	67	2B	FE	D7	AB	76
1	CA	82	C9	7D	FA	59	47	F0	AD	D4	A2	AF	9C	A4	72	C0
2	B7	FD	93	26	36	3F	F7	CC	34	A5	E5	F1	71	D8	31	15
3	04	C7	23	C3	18	96	05	9A	07	12	80	E2	EB	27	B2	75
4	09	83	2C	1A	1B	6E	5A	A0	52	3B	D6	B3	29	E3	2F	84
5	53	D1	00	ED	20	FC	B1	5B	6A	CB	BE	39	4A	4C	58	CF
6	D0	EF	AA	FB	43	4D	33	85	45	F9	02	7F	50	3C	9F	A8
7	51	A3	40	8F	92	9D	38	F5	BC	B6	DA	21	10	FF	F3	D2
8	CD	0C	13	EC	5F	97	44	17	C4	A7	7E	3D	64	5D	19	73
9	60	81	4F	DC	22	2A	90	88	46	EE	B8	14	DE	5E	0B	DB
A	E0	32	3A	0A	49	06	24	5C	C2	D3	AC	62	91	95	E4	79
B	E7	C8	37	6D	8D	D5	4E	A9	6C	56	F4	EA	65	7A	AE	08
C	BA	78	25	2E	1C	A6	B4	C6	E8	DD	74	1F	4B	BD	8B	8A
D	70	3E	B5	66	48	03	F6	0E	61	35	57	B9	86	C1	1D	9E
E	E1	F8	98	11	69	D9	8E	94	9B	1E	87	E9	CE	55	28	DF
F	8C	A1	89	0D	BF	E6	42	68	41	99	2D	0F	B0	54	BB	16

这个S盒查找替换的过程实际上可以分为以下两步计算。

① 计算该字节的乘法逆元。

如输入6FH,使用欧几里得算法计算得到它模 $x^8+x^4+x^3+x+1$(即11BH)的乘法逆元,这可以实现对输入数据进行非线性变换。

11BH=6FH×7H+16H　　1=(11BH−6FH×7H)×8H　−6FH×3H=11BH×8H−6FH×3BH

6FH=16H×7H+DH　　1=16H−(6FH−16H×7H)×3H=16H×8H −6FH×3H

16H=DH×3H+1H　　1=16H−DH×3H

所以输出6FH模11BH的逆元为3BH。如果输入的是00H则仍然输出00H。

② 仿射变换。

将逆元按位进行仿射变换:

$$\begin{pmatrix}b_0\\b_1\\b_2\\b_3\\b_4\\b_5\\b_6\\b_7\end{pmatrix}=\begin{pmatrix}1&0&0&0&1&1&1&1\\1&1&0&0&0&1&1&1\\1&1&1&0&0&0&1&1\\1&1&1&1&0&0&0&1\\1&1&1&1&1&0&0&0\\0&1&1&1&1&1&0&0\\0&0&1&1&1&1&1&0\\0&0&0&1&1&1&1&1\end{pmatrix}\begin{pmatrix}a_0\\a_1\\a_2\\a_3\\a_4\\a_5\\a_6\\a_7\end{pmatrix}+\begin{pmatrix}1\\1\\0\\0\\0\\1\\1\\0\end{pmatrix} \quad (7\text{-}4)$$

由于系数矩阵中每行和每列都含有5个1,因此每位输出数据都与输入数据的5位有关;改变输入数据中的任一位,都将影响输出数据的5位发生变化。如

$$\begin{pmatrix}1&0&0&0&1&1&1&1\\1&1&0&0&0&1&1&1\\1&1&1&0&0&0&1&1\\1&1&1&1&0&0&0&1\\1&1&1&1&1&0&0&0\\0&1&1&1&1&1&0&0\\0&0&1&1&1&1&1&0\\0&0&0&1&1&1&1&1\end{pmatrix}\begin{pmatrix}1\\1\\0\\1\\1\\1\\0\\0\end{pmatrix}+\begin{pmatrix}1\\1\\0\\0\\0\\1\\1\\0\end{pmatrix}=\begin{pmatrix}0\\0\\0\\1\\0\\1\\0\\1\end{pmatrix}$$,即3BH仿射变换后成为A8H。

综上所述,6FH被变换为A8H,即为S盒的查找结果。

(3) 行移位:对输入的矩阵按行进行循环移位,第1行不移位,第2行循环左移1字节,第3行循环左移1字节,第4行循环左移3字节。

A8	39	40	A7
72	AB	83	BB
5B	83	09	1C
48	5A	B1	C1

不移位　→
循环左移1字节　→
循环左移2字节　→
循环左移3字节　→

A8	39	40	A7
AB	83	BB	72
09	1C	5B	83
C1	48	5A	B1

行移位为置换操作,是一种线性变换,将数据打乱重排。

(4) 列混合：用固定矩阵去乘以输入数据的每列，使输出数据一列的每个数值都与输入数据该列的所有数据相关。

$$\begin{pmatrix} b_0 \\ b_1 \\ b_2 \\ b_3 \end{pmatrix} = \begin{pmatrix} 02 & 03 & 01 & 01 \\ 01 & 02 & 03 & 01 \\ 01 & 01 & 02 & 03 \\ 03 & 01 & 01 & 02 \end{pmatrix} \begin{pmatrix} a_0 \\ a_1 \\ a_2 \\ a_3 \end{pmatrix} \tag{7-5}$$

02	03	01	01
01	02	03	01
01	01	02	03
03	01	01	02

×

A8	39	40	A7
AB	83	BB	72
09	1C	5B	83
C1	48	5A	B1

=

65	B8	57	F1
3F	48	9A	6C
49	5A	A3	00
D8	44	94	7A

以第一行第一列为例：

$02H \times A8H = 0000\ 0010_2 \times 1010\ 1000_2 = 1\ 0101\ 0000_2 \pmod{1\ 0001\ 1011_2} = 0100\ 1011_2$

$03H \times ABH = 0000\ 0011_2 \times 1010\ 1011_2 = 1\ 1111\ 1101_2 \pmod{1\ 0001\ 1011_2} = 1110\ 0110_2$

$01H \times 09H = 0000\ 0001_2 \times 0000\ 1001_2 = 0000\ 1001_2 \pmod{1\ 0001\ 1011_2} = 0000\ 1001_2$

$01H \times C1H = 0000\ 0001_2 \times 1100\ 0001_2 = 1100\ 0001_2 \pmod{1\ 0001\ 1011_2} = \dfrac{1100\ 0001_2}{0110\ 0101_2}$

即：$02H \times A8H + 03H \times ABH + 01H \times 09H + 01H \times C1H = 65H$。

(5) 轮密钥加：本轮最后再将输入数据和密钥矩阵相加。

上面介绍的是 AES 加密一轮的处理过程，在第一轮之前，使用了一个初始密钥加层处理明文块，每一轮函数通过线性和非线性的混合、密钥的叠加实现数据加密，迭代若干轮后，进入结尾轮，通过字节代替、行移位和轮密钥加处理后输出密文块。

下面以第一轮加密结果，简单介绍 AES 的解密过程。解密是加密的逆过程，因此每步骤都相应地冠以"逆"作为前缀。

(1) 逆列混合：用列混合矩阵的逆矩阵去乘以输入数据的每列，实现被列混合的矩阵的还原。

$$\begin{pmatrix} 02 & 03 & 01 & 01 \\ 01 & 02 & 03 & 01 \\ 01 & 01 & 02 & 03 \\ 03 & 01 & 01 & 02 \end{pmatrix}^{-1} = \begin{pmatrix} 0E & 0B & 0D & 09 \\ 09 & 0E & 0B & 0D \\ 0D & 09 & 0E & 0B \\ 0B & 0D & 09 & 0E \end{pmatrix} \tag{7-6}$$

0E	0B	0D	09
09	0E	0B	0D
0D	09	0E	0B
0B	0D	09	0E

×

65	B8	57	F1
3F	48	9A	6C
49	5A	A3	00
D8	44	94	7A

=

A8	39	40	A7
AB	83	BB	72
09	1C	5B	83
C1	48	5A	B1

(2) 逆行移位：为实现行移位的逆变换，只需将第 2、3、4 行分别循环左移 -1、-2、-3 字节。

A8	39	40	A7
AB	83	BB	72
09	1C	5B	83
C1	48	5A	B1

不移位 →
循环左移-1字节 →
循环左移-2字节 →
循环左移-3字节 →

A8	39	40	A7
72	AB	83	BB
5B	83	09	1C
48	5A	B1	C1

(3) 逆字节代换：

A8	39	40	A7
72	AB	83	BB
5B	83	09	1C
48	5A	B1	C1

逆 S 盒字节代替 →

6F	5B	72	89
1E	0E	41	FE
57	41	40	C4
D4	46	56	DD

(4) 轮密钥加：首先将密文矩阵和密钥矩阵相加，在 GF(2) 中，每个元素与其负元相等，因此轮密钥加的逆变换仍为轮密钥加。

6F	5B	72	89
1E	0E	41	FE
57	41	40	C4
D4	46	56	DD

⊕

75	05	73	00
35	61	62	55
6B	39	05	09
99	D6	31	32

=

1A	5E	01	89
2B	6F	23	AB
3C	78	45	CD
4D	90	67	EF

小结

(1) GF(p) 上的 n 次素式 $f(x)$ 将 GF(p) 扩成 GF(p^n)：
① $f(x)$：生成多项式、本原多项式；
② GF(p^n)=GF(p)$[x]_{f(x)}$ 或 GF(p)/$f(x)$；
③ 两个元素个数相同的有限域同构。

(2) GF(p^n) 的加法群：
① 零元、负元和特征；
② GF(p^n) 中，$\forall a,b \in$ GF(p^n) 有：$(a+b)^p = a^p + b^p$。

(3) GF(p^n) 的乘法群：
① 单位元、逆元、生成元和阶；
② GF(p^n) 中，$\forall a \in$ GF(p^n) 有：$a^{p^n} = a$。

(4) GF(p^n) 的子域：若 A 是 GF(p^n) 的子域，则 A 的加法群是 GF(p^n) 的加法子群，A 的乘法群是 GF(p^n) 的乘法子群。

作业

1. 请构造有限域 $GF(2^4)$，并仿照表 7-1 和表 7-2 构造其加法表和乘法表。
2. 请构造有限域 $GF(3^3)$。在此 $GF(3^3)$ 中计算 $f(x)+g(x)$、$f(x)*g(x)$、$f^{-1}(x)$ 和 $g^1(x)$，其中，$f(x)=x^2+2x+2$，$g(x)=x^2+1$。
3. $GF(2^8)$ 的生成多项式为 $g(x)=x^8+x^4+x^3+x+1$，请计算 $f^{-1}(x)$，其中，$f(x)=x^7+x^2+1$。
4. $GF(2^4)$ 的生成多项式为 $f(x)=x^4+x^3+1$，请计算该域的本原元和子域。
5. 令 $F=\{0,1,2,3\}$，在 F 上定义的运算 + 和 × 如下：

+	0	1	2	3
0	0	1	2	3
1	1	0	3	2
2	2	3	0	2
3	3	2	1	0

×	0	1	2	3
0	0	0	0	0
1	0	1	2	3
2	0	2	3	1
3	0	3	1	2

则 F 是有限域吗？Char F 是多少？最小的子域是什么？

6. 求证：设 F 是一个域，F 的特征要么是 0，要么是一个素数 p。
7. 求证：有限域 $GF(p^n)$ 中，$\forall a,b \in GF(p^n)$ 有 $(a+b)^p = a^p + b^p$。
8. 请设计一个程序可以选择一个 n 次素式生成 $GF(2^n)$，并计算出一个 $GF(2^5)$ 中的加法表和乘法表。
9. 请设计一个程序，验证 $x+1$ 是 $GF(2^8)$ 的本原元，生成多项式为 $x^8+x^4+x^3+x+1$，并以 $x+1$ 为底构造该有限域中的离散对数表。

第8章 椭圆曲线

【教学目的】
掌握椭圆曲线和其上定义的加法计算,能够在有限域上建立椭圆曲线加法群,能够进行该加法群的运算。

【教学要求】
通过本章的学习,读者能够:
(1) 识记:椭圆曲线、无穷远点等基本概念和性质。
(2) 领会:椭圆曲线加法的几何定义和代数定义。
(3) 简单应用:在有限域上建立椭圆曲线加法群,进行加法、求逆元、求倍元、计算生成元、计算元素的阶、生成子群等各种计算。
(4) 综合应用:有限域上的椭圆曲线加法群中实现ElGamal密码算法。

【学习重点与难点】
本章的重点与难点是椭圆曲线加法的几何定义和代数定义,在有限域上建立椭圆曲线加法群并进行各种计算。

1985 年,Neal Koblit 和 Victor Miller 分别提出在椭圆曲线上构造密码系统(Elliptic Curve Cryptography,ECC),从那时起,众多数学家和密码学家就开展了关于 ECC 的安全性和实验效率的广泛研究。所得结果表明,ECC 方案作为一种公钥密码机制,与 RSA 算法相比,具有密钥长度短、加密速度快等优点,近年来已被广泛应用于商用密码领域。

那么究竟什么是椭圆曲线?就是我们曾经在中学的时候认识的椭圆吗?作为一种曲线,它如何实现加密过程呢?在本章将开始 ECC 相关数学知识的介绍。

8.1 椭圆曲线的基本概念

在实数域上,所谓椭圆曲线是满足方程

$$y^2 + axy + by = x^3 + cx^2 + dx + e \tag{8-1}$$

的所有点的集合。其中,a,b,c,d,e 为实数,x,y 在实数集上取值。经过坐标变换,方程可以简化为下面的形式:

$$y^2 = x^3 + ax + b \tag{8-2}$$

记为椭圆曲线 $E(a,b)$。

【进一步的知识】 椭圆曲线的性质

椭圆曲线是除了直线和圆锥曲线之外,被研究最多的代数曲线。它具有极其丰富的分析、代数、几何与数论性质,将数学中的许多重要分支都联系起来。著名的费马大定理就和椭圆曲线有着密切的联系。

椭圆曲线的形状并不是椭圆形的,如图 8-1 所示。

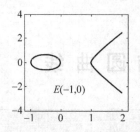
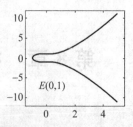

图 8-1 椭圆曲线

其得名的原因是在计算椭圆的周长时需要计算椭圆积分,涉及一类函数:

$$y = \sqrt{x^3 + ax + b} \tag{8-3}$$

对于式(8-2),定义:

$$j = \frac{4a^3}{4a^3 + 27b^2} \tag{8-4}$$

它称为椭圆曲线的 j 不变量,该不变量唯一确定椭圆曲线。

在椭圆曲线的定义中,还包含一个称为无穷远点或零点的点,记为 O。引入无穷远点的原因是在椭圆曲线上定义了加法运算。

定义 8.1 椭圆曲线上加法运算的几何定义

任取椭圆曲线 $E(a,b)$ 上两点 P 和 Q,过 P 和 Q 的直线(若 P 和 Q 重合则做该点的切线)交 $E(a,b)$ 于另一点 R',过点 R' 做 y 轴平行线交 $E(a,b)$ 于点 R,如图 8-2 所示,则规定 $P+Q=R$。

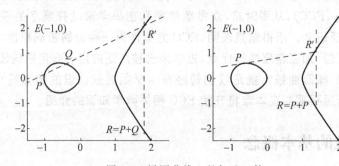

图 8-2 椭圆曲线上的加法运算

【你应该知道的】 椭圆曲线上加法运算的代数定义

椭圆曲线 $E(a,b)$ 上有点 $P(x_1,y_1)$ 和 $Q(x_2,y_2)$,设过 P、Q 的直线方程为 $y=kx+c$。若 $P \neq Q$,则 $k=(y_1-y_2)/(x_1-x_2)$;若 $P=Q$,则该直线为椭圆曲线的切线,设 $F(x,y)=y^2-x^3-ax-b$,该点上 $F_x(x,y)=-3x^2-a$,$F_y(x,y)=2y$,则 $k=-F_x(x,y)/F_y(x,y)=(3x^2+a)/2y$。

若该直线交 $E(a,b)$ 于点 $R'(x_3,y_3)$,则有:

$$\begin{cases} y_3^2 = x_3^3 + ax_3 + b \\ y_3 = kx_3 + c \end{cases} \Rightarrow \begin{cases} x_1 + x_2 + x_3 = k^2 \\ k = (y_1 - y_3)/(x_1 - x_3) \end{cases}$$

得到 $x_3 = k^2 - x_1 - x_2$,$y_3 = y_1 + k(x_3 - x_1)$。

过点 R' 做 y 轴平行线交 $E(a,b)$ 于点 R，则 R 的坐标为 $(x_3,-y_3)$。

即 $P(x_1,y_1)$ 和 $Q(x_2,y_2)$ 的加法为 $R(k^2-x_1-x_2, k(x_1-x_3)-y_1)$，其中，$k=(y_1-y_2)/(x_1-x_2)$，若 $x_1=x_2=x$ 且 $y_1=y_2=y$ 则 $k=(3x^2+a)/2y$。

【思考】

若有相同 x 坐标的不重合两点 $P(x,y_1)$ 和点 $Q(x,y_2)$，根据式(8-2)，$y_1=-y_2$，此时过点 P 和 Q 的直线与 y 轴平行，那么该直线与椭圆曲线的另一交点 R' 在哪里？

另一方面，若两点重合为 $P(x,y)$，则过 P 点画出一条切线，该切线与椭圆曲线的另一个交点为 R'，若切线恰好平行于 y 轴，如图 8-3 所示，这个 R' 在哪里？

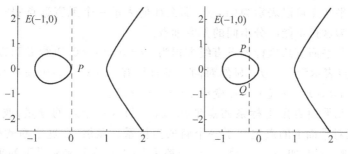

图 8-3　平行于 y 轴的切线

根据加法运算的代数定义，过 $P(x,y)$ 和 $Q(x,-y)$ 的直线斜率 $k=\infty$，该直线与椭圆曲线另一个点 R' 的坐标应该为 $(k^2-x-x, y+k(x_3-x))=(\infty,\infty)$，这个无穷远点也应该在椭圆曲线上。

定义 8.2　实数域上的椭圆曲线

$a,b\in\mathbf{R}$，椭圆曲线 $E(a,b)=\{(x,y)|y^2=x^3+ax+b, x,y\in\mathbf{R}\}\cup\{O\}$，其中 $4a^3+27b^2\neq 0$，O 为无穷远点。

【你应该知道的】　无穷远点

式(8-1)是在普通的笛卡儿平面直角坐标系中定义的，这种光滑曲线加上无穷远点 O 才组成了椭圆曲线。

在引入无穷远点 O 之前请思考一个问题：平行线相交吗？小学学到的知识告诉我们，所谓平行线就是在同一平面内的不相交(也不重合)的两条直线。但观察如图 8-4 所示的图像，显而易见，$AB/\!/CD$，但它们的延长线却相交于 O 点。同理 $AD/\!/BC$，它们的延长线相交于 O' 点。

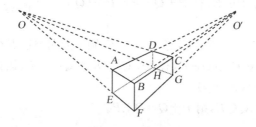

图 8-4　无穷远点

为此，将直线的平行与相交统一起来，认为任意两直线均相交，若两直线不平行则相交于一平常点(非无穷远点)，若两直线平行则相交于无穷远点。

无穷远点有如下几个性质。

(1) 经过同一个无穷远点的所有直线相互平行，经过不同无穷远点的两直线不平行。

(2) 一条直线的无穷远点有且只有一个。

(3) 平面上全体无穷远点构成一条无穷远直线。全体无穷远点和全体平常点构成射影平面。

因为椭圆曲线的无穷远点是椭圆曲线与平行于 y 轴的直线的交点，因此椭圆曲线上的无穷远点有且只有一个。

平面上任一平常点可以表示为(x,y)，那么如何表示一个无穷远点呢？不能简单引入一个(∞,∞)，因为这样不能区分不同的无穷远点。

在普通笛卡儿平面直角坐标系下直线方程为$ax+by+c=0$，直线 L 可以表示为$l=(a,b,c)^T$，直线上一点表示为(x,y)。显然对同一条直线有：$axz+byz+cz=0$，此时直线仍然可以表示为$l=(a,b,c)^T$，直线上一点变成了$(xz,yz,z)^T$。

对普通笛卡儿平面直角坐标系的点坐标(x,y)引入一个新的参量，改为$(X,Y,Z)=(xz,yz,z)$，这就对平面上的点建立了一个新的坐标系。显然，在这个新的坐标系下，同一个点的表示是不唯一的，如$(4,2,2)$和$(2,1,1)$都是点$(2,1)$在新坐标系下的坐标。这个新的坐标系被称为射影平面坐标系。

若有直线$l_1=(a,b,c_1)^T$和$l_2=(a,b,c_2)^T$，$c_1 \neq c_2$，显然 $l_1 // l_2$，此时若两直线相交，则将两直线方程联立求解，有：

$$\begin{cases} axz+byz+c_1z=0 \\ axz+byz+c_2z=0 \end{cases} \Rightarrow c_1z=c_2z=-axz-byz \quad 因为 c_1 \neq c_2，\quad 所以 z=0$$

即无穷远点的坐标为$(x,y,0)$。相应地，平常点的坐标为(xz,yz,z)，$z\neq 0$。

最后，请思考一个问题，椭圆曲线上的那个无穷远点的坐标应该是什么呢？

【思考】

一条直线与椭圆曲线交于三点 A、B 和 C，那么 $A+B+C=$？

椭圆曲线 $E(a,b)$ 与其上的加法构成 Abel 群$(E,+)$。这是因为：

(1) 封闭性：任意椭圆曲线上的点进行加法运算后仍然在椭圆曲线上，如图 8-5 所示。

(2) 结合律：$\forall P,Q,R \in E$，有 $P+Q+R=P+(Q+R)$。

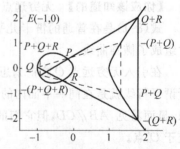

图 8-5 椭圆曲线的封闭性

(3) 幺元律：若 $\exists e \in E,\forall P \in E$，有 $P+e=P$，则 e 为无穷远点 O。

(4) 逆元律：若 $\forall P \in E,\exists Q \in E$，有 $P+Q=O$，则 $Q=-P$，因此 $\forall P \in E$，P 的逆元为$-P$，若 $P=(x,y)$，$-P=(x,-y)$。

(5) 交换律：若 $\forall P,Q \in E$，则 $P+Q=Q+P$。

【请你注意】

(1) 椭圆曲线加法群的结合性证明需用到代数几何领域更专业的知识，证明在此从略，有兴趣的读者可自行研究。

(2) $(E,+)$ 为加法群,因此单位元也称为零元,逆元也称为负元。

(3) 若 $\forall P,Q,R\in E(a,b)$,且三点共线,则 $R=-(P+Q)$,即 $P+Q+R=O$。

(4) k 个相同点 P 相加称为倍点,记作 $\mathbf{kP}$,如图 8-6 所示,$P+P+P=2P+P=3P$。

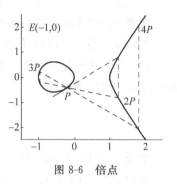

图 8-6 倍点

已知 k 和点 P 求点 $\mathbf{kP}$ 比较容易,反之已知点 $\mathbf{kP}$ 和点 P 求 k 却是相当困难的,这个问题称为椭圆曲线上点群的离散对数问题。椭圆曲线密码体制正是利用这个困难问题设计而来。

8.2 有限域上的椭圆曲线

定义 8.3 有限域 $GF(p)$ 上的椭圆曲线

$a,b\in \mathbf{Z}^+,a,b\leqslant p,4a^3+27b^2\not\equiv 0(\bmod\ p)$,$p$ 为素数,则有椭圆曲线:

$E_p(a,b)=\{(x,y)\mid y^2\equiv x^3+ax+b\ (\bmod\ p),x,y\in \mathbf{Z}_p\}\cup\{O\}$。

如有 $E_{13}(1,1),4a^3+27b^2\equiv 4\not\equiv 0(\bmod\ 13)$,画出除了无穷远点 O 之外的椭圆曲线如图 8-7 所示。

该椭圆曲线一共有 18 个点,即有限群 $E_p(a,b)$ 的阶为 18,$E_{13}(1,1)=\{$零点 $O,(7,0),(0,1),(1,4),(4,2),(5,1),(8,1),(10,6),(11,2),(12,5),(0,12),(1,9),(4,11),(5,12),(8,12),(10,7),(11,11),(12,8)\}$。

显然,若 $(x,y)\in E_p(a,b)$,有 $(x,-y)\in E_p(a,b)$。

$E_p(a,b)$ 的加法法则与实数域上的椭圆曲线是相似的。

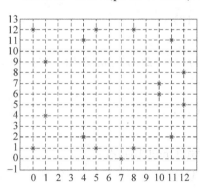

图 8-7 有限域 $GF(p)$ 上的椭圆曲线

(1) 无穷远点 O 为零元,$\forall P\in E_p(a,b),P+O=P$;

(2) $\forall P(x,y)\in E_p(a,b),P$ 的负元是 $-P(x,p-y)\in E_p(a,b)$,有 $P+(-P)=O$;

(3) 若 $P,Q,R\in E,P=(x_1,y_1),Q=(x_2,y_2),R=(x_3,y_3)$,有:

$$\begin{cases} x_1+x_2+x_3\equiv k^2(\bmod\ p) \\ y_3+y_1\equiv k(x_1-x_3)(\bmod\ p) \end{cases}$$

则 $R=P+Q$。当 $P\neq Q$ 时 $k=(y_1-y_2)/(x_1-x_2)(\bmod\ p)$,当 $P=Q$ 时 $k=(3x_1^2+a)/2y_1 (\bmod\ p)$。

例 8.1 已知 $P=(0,1),Q=(1,4),P,Q\in E_{13}(1,1)$,求:

(1) $-P$,(2) $P+Q$,(3) $2P$。

解:(1) $-P=(0,13-1)=(0,12)\in E_{13}(1,1)$。

(2) $k=(y_1-y_2)/(x_1-x_2)=(4-1)/(1-0)=3$,设 $R(x_3,y_3)=P+Q$,有:

$$\begin{cases} 0+1+x_3 \equiv 3^2 \pmod{13} \\ y_3+1 \equiv 3(0-x_3) \pmod{13} \end{cases}$$

解得 $x_3 \equiv 8 \pmod{13}, y_3 \equiv 1 \pmod{13}$。

所以 $P+Q=(8,1) \in E_{13}(1,1)$。

(3) $2P=P+P, k=(3x_1^2+a)/2y_1=(3\times 0^2+1)/(2\times 1)=1/2\equiv 14/2\equiv 7 \pmod{13}$，设 $R(x_3,y_3)=2P$，有：

$$\begin{cases} 0+0+x_3 \equiv 7^2 \pmod{13} \\ y_3+1 \equiv 7(0-x_3) \pmod{13} \end{cases}$$

解得 $x_3 \equiv 10 \pmod{13}, y_3 \equiv 7 \pmod{13}$。

所以 $2P=(10,7) \in E_{13}(1,1)$。

例 8.2 已知 $P=(0,1) \in E_{13}(1,1)$，请计算 P 的阶。

解：根据例 8.1 有 $2P=(10,7)$，

设 $3P=(x,y)$，则 $k=(7-1)/(10-0)=3/5\equiv 55/5\equiv 11 \pmod{13}$，有：

$$\begin{cases} 0+10+x \equiv 11^2 \pmod{13} \\ y+1 \equiv 11(0-x) \pmod{13} \end{cases}$$

解得 $3P=(7,0)$。

设 $4P=(x,y)$，则 $k=(0-1)/(7-0)=-1/7\equiv -14/7\equiv -2\equiv 11 \pmod{13}$，有：

$$\begin{cases} 0+7+x \equiv 11^2 \pmod{13} \\ y+1 \equiv 11(0-x) \pmod{13} \end{cases}$$

解得 $4P=(10,6)$。

设 $5P=(x,y)$，则 $k=(6-1)/(10-0)=1/2\equiv 14/2\equiv 7 \pmod{13}$，有：

$$\begin{cases} 0+10+x \equiv 7^2 \pmod{13} \\ y+1 \equiv 7(0-x) \pmod{13} \end{cases}$$

解得 $5P=(0,12)=-P$。

显然 $6P=O$；

因此，$|P|=6$。

相似地，若 $P=(1,4)$，有：$2P=(8,12),3P=(0,12),4P=(11,11),5P=(5,1),6P=(10,6),7P=(12,8),8P=(4,2),9P=(7,0),10P=(4,11),11P=(12,5),12P=(10,7),13P=(5,12),14P=(11,2),15P=(0,1),16P=(8,1),17P=(1,9),18P=O$。

因此，$|(1,4)|=18=|E_{13}(1,1)|$。即 $(1,4)$ 为加群 $E_{13}(1,1)$ 的原根。

进一步，可以得到 $E_{13}(1,1)$ 中：

(1) 1 阶的元 $\varphi(1)=1$ 个：零元 O。

(2) 2 阶的元 $\varphi(2)=1$ 个：$(7,0)$。

(3) 3 阶的元 $\varphi(3)=2$ 个：$(10,6)$ 和 $(10,7)$。

(4) 6 阶的元 $\varphi(6)=2$ 个：$(0,1)$ 和 $(0,12)$。

(5) 9 阶的元 $\varphi(9)=6$ 个：$(4,2),(4,11),(8,1),(8,12),(11,2),(11,11)$。

(6) 18 阶的元有 $\varphi(18)=6$ 个：$(1,4),(1,9),(5,1),(5,12),(12,5),(12,8)$。

可以生成 $E_{13}(1,1)$ 的所有子群：$(S_i,+)$，$i=1,2,\cdots,6$。
$S_1=\{O\}$；
$S_2=\{O,(7,0)\}$；
$S_3=\{O,(10,6),(10,7)\}$；
$S_4=\{O,(0,12),(10,6),(7,0),(10,7),(0,1)\}$；
$S_5=\{O,(8,12),(11,11),(10,6),(4,2),(4,11),(10,7),(11,2),(8,1)\}$；
$S_6=E_{13}(1,1)$。

可以建立起 $E_{13}(1,1)$ 中以 $(1,4)$ 为底的离散对数表如表 8-1 所示。

表 8-1 离散对数表

a	(1,4)	(8,12)	(0,12)	(11,11)	(5,1)	(10,6)
$\text{ind}_g a$	1	2	3	4	5	6
a	(12,8)	(4,2)	(7,0)	(4,11)	(12,5)	(10,7)
$\text{ind}_g a$	7	8	9	10	11	12
a	(5,12)	(11,2)	(0,1)	(8,1)	(1,9)	O
$\text{ind}_g a$	13	14	15	16	17	18

显然，若已知点 G，计算 $K=kG$ 比较容易，但若给定 K 和 G，计算 $\text{ind}_G K$ 就困难了。这就是椭圆曲线加密算法采用的难题。

【进一步的知识】 椭圆曲线 ElGamal 密码算法

(1) 用户 A 选择一条椭圆曲线 $E_p(a,b)$，取其上一点 G，称为基点(Base Point)，选择整数 $k\in[1,|E_p(a,b)|-1]$，并计算 $K=kG$，得到私钥为 $(E_p(a,b),G,k)$，公钥为 $(E_p(a,b),G,K)$。

(2) 用户 B 将待传输的明文编码到 $E_p(a,b)$ 上的一点 M（编码的方法很多，这里不做讨论），并产生一个随机整数 $r,r\in[1,|E_p(a,b)|-1]$。

(3) 用户 B 计算点 $C_1=M+rK,C_2=rG$，将密文 (C_1,C_2) 传送给用户 A。

(4) 用户 A 接到密文 (C_1,C_2) 后，计算 C_1-kC_2，还原出明文点 M，这是因为：$C_1-kC_2=M+rK-krG=M+rK-rkG=M+rK-rK=M$；再对点 M 进行解码就可以恢复出明文。

如用户 A 选择的椭圆曲线为 $E_{13}(1,1)$，取基点 $G=(1,4)$，取整数 $k=3$，计算 $K=3G=(0,12)$。

设用户 B 要传送的明文为 $(4,11)$，则随机产生以整数 2，计算：
$C_1=(4,11)+2(0,12)$。
设 $(x,y)=2(0,12)$，则有斜率 $k=(3\times0^2+1)/(2\times12)=1/-2\equiv6\pmod{13}$
有：
$$\begin{cases}0+0+x\equiv6^2\pmod{13}\\y+12\equiv6(0-x)\pmod{13}\end{cases}$$
解得 $2(0,12)=(10,6)$。

则设 $C_1(x,y)=(4,11)+(10,6)$，有斜率 $k=(11-6)/(4-10)=-3\equiv 10\pmod{13}$，有：
$$\begin{cases} 4+10+x\equiv 10^2\pmod{13} \\ y+11\equiv 10(4-x)\pmod{13} \end{cases}$$

解得 $C_1=(8,1)$。

$C_2=rG=2(1,4)=(8,12)$。

因此 B 将 $((8,1),(8,12))$ 发送给 A。

A 收到 $((8,1),(8,12))$ 后计算 $C_1-3C_2=(8,1)-3(8,12)=(8,1)-(11,11)(8,12)=(8,1)-(10,6)=(8,1)+(10,7)=(x,y)$，有斜率 $k=(7-1)/(10-8)=3$，有：
$$\begin{cases} 8+10+x\equiv 3^2\pmod{13} \\ y+1\equiv 3(8-x)\pmod{13} \end{cases}$$

恢复出 $M=(4,11)$。

小结

1. 椭圆曲线的定义

(1) 实数域上的椭圆曲线：$4a^3+27b^2\neq 0$

$a,b\in R, E(a,b)=\{(x,y)\mid y^2=x^3+ax+b, x,y\in R\}\cup\{O\}$。

(2) 有限域 $GF(p)$ 上的椭圆曲线：$4a^3+27b^2\not\equiv 0\pmod{p}$

$a,b\in Z_p, E_p(a,b)=\{(x,y)\mid y^2\equiv x^3+ax+b\pmod{p}, x,y\in Z_p\}\cup\{O\}$。

2. 椭圆曲线上的加法运算

(1) 几何定义：任取椭圆曲线 E 上两点 P 和 Q，过 P 和 Q 的直线（若 P 和 Q 重合则做该点的切线）交 E 于另一点 R'，过 R' 做 y 轴平行线交 E 于 R。则规定 $\boldsymbol{P+Q=R}$。

(2) 代数定义：设 $R(x_3,y_3)=P(x_1,y_1)+Q(x_2,y_2)$。

① 实数域上的椭圆曲线：$x_3=k^2-x_1-x_2, y_3=k(x_1-x_3)-y_1$；

若 $P\neq Q, k=(y_1-y_2)/(x_1-x_2)$；若 $P=Q, k=(3x^2+a)/2y$。

② 有限域 Z_p 上的椭圆曲线：$x_3\equiv k^2-x_1-x_2\pmod{p}, y_3=k(x_1-x_3)-y_1\pmod{p}$。

若 $P\neq Q, k=(y_1-y_2)/(x_1-x_2)\pmod{p}$；若 $P=Q, k=(3x^2+a)/2y\pmod{p}$；$k\in Z$。

(3) 椭圆曲线与其上的加法构成交换群。

作业

1. 请找到有限域 $GF(13)$ 上的椭圆曲线 $E_{13}(1,2)$ 上的所有点。

2. 已知点 $P(1,2)\in E_{13}(1,2)$，请计算 $-P$ 和 $2P$。

3. 已知点 $P(1,2), Q(2,8)\in E_{13}(1,2)$，请计算 $P+Q$。

4. 已知点 $P(1,2)\in E_{13}(1,2)$，请计算 P 的阶。

5. 请找到 $E_{13}(1,2)$ 的一个生成元，据此得到以该生成元为底的离散对数表。

6. 请写出 $E_{13}(1,2)$ 的子群。

7. 请设计一个程序,实现有限域 GF(p) 上的椭圆曲线 $E_p(a,b)$ 的构建,并实现其上的加法运算。

8. 请设计一个程序,实现有限域 GF(p) 上的椭圆曲线 $E_p(a,b)$ 上的 ElGamal 密码算法,取 $G=(5,1)$,私钥 $k=5$,请用程序计算出:

(1) 公钥 K 应该是多少?

(2) 若要加密的是 $(5,12)$,选择随机值 $r=2$,请计算相应的密文。

(3) 给出解密的过程和结果。

参考文献

[1] [美] William Stallings. Cryptography and Network Security Principles and Practice (Fifth Edition). 王张宜等译. 北京：电子工业出版社，2011.

[2] [美] Richard Spillman. Classical and Contemporary Cryptology. 叶阮健等译. 北京：清华大学出版社，2005.

[3] [美] Neal Koblitz. A Course in Number Theory and Cryptography (Second Edition). 北京：世界图书出版公司，2008.

[4] 陈恭亮. 信息安全数学基础. 北京：清华大学出版社，2004.

[5] 覃中平. 信息安全数学基础. 北京：清华大学出版社，2006.

[6] 李继国. 信息安全数学基础. 武汉：武汉大学出版社，2006.

图书资源支持

感谢您一直以来对清华版图书的支持和爱护。为了配合本书的使用,本书提供配套的资源,有需求的读者请扫描下方的"书圈"微信公众号二维码,在图书专区下载,也可以拨打电话或发送电子邮件咨询。

如果您在使用本书的过程中遇到了什么问题,或者有相关图书出版计划,也请您发邮件告诉我们,以便我们更好地为您服务。

我们的联系方式:

地　　址: 北京市海淀区双清路学研大厦 A 座 701

邮　　编: 100084

电　　话: 010-83470236　010-83470237

资源下载: http://www.tup.com.cn

客服邮箱: 2301891038@qq.com

QQ: 2301891038(请写明您的单位和姓名)

书 圈

扫一扫,获取最新目录

课 程 直 播

用微信扫一扫右边的二维码,即可关注清华大学出版社公众号"书圈"。